JN207091

西沢金山の盛衰と
足尾銅山・
渡良瀬遊水地

佐藤壽修

随想舎

西沢金山の事務所および作業員宿舎群の一部

西沢金山鉱業事務所社屋

［グラビア写真は興野喜宣氏の提供による］

西沢金山　山神坑口および源橋

西沢金山～菖蒲ヶ浜間の鉱石輸送　このトンネルは現在の山王林道に改良されて残っている

西沢金山　山神坑口

西沢金山　機械選鉱所内部

西沢金山　坑内大竪坑

西沢金山　金鉱石を粉砕するためのロッドミルと思われる機械

西沢金山の盛衰と足尾銅山・渡良瀬遊水地

目次

第一部　足尾鉱毒問題と渡良瀬遊水地…… 7

西沢金山の盛衰と足尾銅山・渡良瀬遊水地

第一部　足尾鉱毒問題と渡良瀬遊水地

一、はじめに

我が国民の祖先は、気候などに大きく左右される狩猟採取などで食料を得て生活を営んでいた縄文時代晩期、大陸から伝播した水田稲作を食料獲得の手段として取り入れた。水田稲作は、連作障害のないことから安定した食料獲得の手段として見込めるため我が国に根付いた。それ以来、水田稲作は我が国において、それに伴う様々な信仰、習慣、習俗などの文化すなわち水田稲作文化を育んできた。水田稲作文化は、現在の我が国の文化の底流を成している。

水田稲作の営みは、主に河川に由来する農業用水に依存してきたのであり、水田稲作が縄文晩期に我が国に伝播したときから、小規模ながら治水利水の営み、すなわち水田の開発がはじめられた。そしてそれは現在に至るまで大小河川の流域においてその規模を拡大させながら営々と続けられ、時代を経て水田の開発、そしてより大規模な再開発が積極的に行われてきた。開発に伴う水田稲作による食糧増産がなされて人口が増加するにしたがって、土地空間の高度利用の要求がさらに高まったのである。我が国の社会基盤すなわち水田地帯の造成の根本には、大規模な河川の瀬替えという土木事業が伴っていたのである。つまり開発と土地空間の高度利用は、表裏一体をなしているといえるのである。

我が国が明治維新後、列強の先進科学技術を導入しつつあった近代においては、我が国の経済の発展に伴って農地の高度利用にとどまらず、大都市すなわち東京及びその周辺の土地空間の高度利用の需要が著しく高まったのである。その結果、足尾銅山の開発そして産銅の輸出によって得られる外貨がもたらす利益は、当時勃発した日露戦争に勝利するための戦費として多少なりとも寄与するものであり、我が国の国益におおいに沿うものであった。

したがって、大きな鉱害問題を抱えながらも足尾銅山の操業を止めるという選択肢は、明治政府にはなかったのである。

また足尾銅山が生み出す利益は、鉱害問題を処理するための治水事業等に費やしても、国益にかなうものであったものと考えられる。そこで利根川や渡良瀬川などの治水事業を推進して土地空間の高度利用を図って国力を増強するためにも足尾鉱毒問題を処理し、かつ利根川水系の治水利水の問題を解決するためには、渡良瀬遊水地の創設は必要不可欠であった。

そこで本稿では、利根川流域における明治期から大正期にかけての開発と土地空間の高度利用の一端について、表題を切り口に考えてみた。

二、激動の時代の中で

産業革命始まる

ジェームス・ワット（一七三六～一八一九年）が蒸気機関を発明したころ、工場制機械工業の導入による産業の変革と、それに伴う社会構造の変革すなわち産業革命が欧州において始まった。一八一四（文化一一）年、ジョージ・スチーブンソンが蒸気機関車を製作し、一八二四（文政七）年、イギリスのストックトン～ダーリントン間に鉄道が開通し、一八三〇（天保元）年、アメリカに最初の鉄道がボルチモア～オハイオ間に開通した。

この頃よりアメリカにおける産業革命が進展し、一八三五（天保六）年、同国のモールスが有線電信を発明し遠隔地間の通信を可能にした。この有線電信には電線が必要であり、電気の良導体である銅が電線として用いられ、その需要が大量に生じた。産業革命の進展に伴い鉄や銅をはじめ様々な金属の需要が生じ、世界の経済は大いに進展したことに伴い、また金本位制をとっていた当時の世界において は、金の需要も飛躍的に増大した。折しも一八四八(嘉永元)年、アメリカ合衆国カリフォルニア州において金鉱が発見されゴールドラッシュが巻き起こっていた。

アメリカのゴールドラッシュに先立つ三年前の一八四五(弘化二)年ころ、日光の山中すなわち鬼怒川上流の同川の右支川である門森沢の上流の西沢においても、幕府の禁を犯して半ば公然に金の採掘が行われていた。この金鉱山は、明治時代になって再開発され「西沢金山」と呼ばれて世界的にもきわめて有望視され広く知れわたることになった。

米国におけるゴールドラッシュと鎖国中の江戸時代における西沢金山の金の採掘というこれらの出来事は、単なる偶然の一致ではない。鎖国中の我が国においても、この時すでに欧米における産業革命に伴う社会構造の変革の時代の大きなうねりの余波が、鎖国政策を布いていた我が国の神領である日光の山中にも及んでいたのであったと考えられる。

すなわち産業革命の著しい進展の結果、世界の経済が急速に拡大を続け、世界の通貨の基軸である金をはじめ銀、銅、鉄など様々な金属の需要がおおいに増大していた結果であると考えられる。

一八六八(慶応四)年、明治維新により我が国は鎖国政策を廃し、名実ともに開国して欧米列強の文化を受け容れたのであるが、欧米列強による治外法権により我が国の主権が不当に侵害されていたのである。アジアにおいては欧米列強による植民地化が既に進められ、フィリピンが一五六五(永禄八)年、スペインによって植民地化され、一八九八(明治三一)年にはアメリカがスペインから奪取しアメリカの植民地として統治し、清国が一八四〇(天保一一)年から二年間続いたイギリスとのアヘン戦争に敗れ、その後もその領土が列強により蚕食され、インドが一八五八(安政五)年、イギリスの植民地化されるなど、欧米列強によるアジアの植民地化が続いていたのである。

明治維新以降の近代化

これを見た我が国の先人達は、明治維新を成し遂げ欧米列強による我が国の植民地化を回避するとともに、我が国への欧米列強による治外法権など不当な差別の撤廃をさせて、欧米列強に肩を並べていくために、我が国の近代化を急速に推し進めていった。その手段として、狭小な我が国土を最大限に利用するための国土の「高度利用」を推進し、我が国の産業を興し国を富ませて軍事力の増強を図るために殖産興業富国強兵策をとったのである。

明治時代は我が国にとって現代に至る激動の時代のはじまりであった。我が国は明治維新の内乱を経て、眠れる獅子と称され大国と目されていた清国との日清戦争（一八九四〈明治二七〉年八月～一八九五年三月）や同じく大国であったロシアを相手とした日露戦争（一九〇四〈明治三七〉年二月～一九〇五年九月）を戦ってそれぞれ勝利した。これらの戦争を遂行して勝利するためには、当時欧米列強においては急速に兵器の近代化の競争が進められており、我が国は高価な軍艦や大砲などの近代化された兵器をイギリスなどの先進列強から導入する必要があった。このために軍備費はいくらあっても足りない状態であったのである。

このような状況下にあった我が国は、軍備費などを調達するための外貨を得るために先ず、我が国の特産物と位置づける生糸や茶葉や銅などの第一次産品を輸出して得た外貨により、第一次産品に付加価値を付けてより多くの外貨を得るために紡績業などの軽工業を導入してさらに多くの外貨を得て、それを足掛かりに重工業化への道を目指した。

産業革命の進展による欧米列強世界においては産業などの電化が進展しつつあった。このような時代背景の中で足尾銅山で産出される銅は、電気エネルギーの需要の拡大に伴って、電気の良導体の性質を持つ銅は、発電機や送電あるいは電信のためなどの電線などとして広く用いられるようになっていた。したがって電線などとして用いられる原材料の銅は、エジソンの白熱電灯の発明などにより欧米列強にあって民生用にも大きな需要が生じていたのである。このようなことから銅は、我が国が外貨を獲得するための手段としてのきわめて有力な輸出産品であったのである。

三、江戸時代以前の足尾銅山

「治部（じぶ）と内蔵（くら）が発見」説への疑問

足尾銅山の発見は一五五〇（天文一九）年と伝えられているが、一六一〇（慶長一五）年、備前国（岡山県）からやって来た治部と内蔵という百姓二人が鉱床を発見して、幕府直轄の鉱山として本格的に採掘が開始されることになったとも伝えられている。

しかし、この備前国からはるばる下野国（栃木県）までやって来たとされる二人の百姓である治部と内蔵が鉱床を発見し開発したとの説には疑問がある。

まず、はるばる遠く離れた備前国から下野国の足尾に、なぜ百姓達がやって来たのかあまりにも唐突な感がする話しである。

また治部とか内蔵とかいう名前は百姓のものではなく、武士階級の官職名あるいは称号に類するもので、例えば、生前の豊臣秀吉のもと五奉行の一人として豊臣政権の政務を取り仕切り秀吉の死後、関ヶ原の戦いで西軍を指揮して戦って徳川家康率いる東軍に敗れた石田〝治部〟少輔三成とか、歌舞伎の「忠臣蔵」の主人公として名高い播磨国赤穂藩浅野家の筆頭家老であった大石〝内蔵助〟良雄などと用いられ家臣の中でも位の高い者に与えられた官職名や称号のようなものであったのである。

当時、武士階級の仲間内では、同僚などを呼ぶのに官職名や称号あるいは出身地の地名をあてて略称として呼び習わしていたのである。例えば出身地の地名をあてて略称として呼び習わされていた徳川家康の経済臣僚に、次に述べる伊奈備前守忠次がいる。彼について、武蔵国の忍城（行田市）主などの城主をつとめ関ヶ原の戦いの前哨戦である伏見城の戦いで討ち死にした松平家忠が、一五七五（天正三）年から一五九四（文禄三）年一〇月にかけて「家忠日記」とよばれる日記を記していた。この日記は、家忠の日常生活での出来事や徳川家康や伊奈備前守忠次などの動静などについて筆まめに記録していた。この日記にも家忠は、伊奈備前守忠次の先祖の出身地は信濃国伊奈郡熊倉であったところから、家忠と同様に徳川家譜代の家臣であり同僚であった伊奈備前守忠次を「熊倉（くまぐら）」と略称して記していることから、同僚達は日常的に彼を熊倉と呼んでいたものと思われる。

関東郡代・伊奈備前守忠次

一五九〇（天正一八）年、家康が関東を領有して以来家康のもと、〝伊奈備前守忠次〟（禄高一万石の大名で一六一〇〈慶長一五〉年に六一歳で没）が関東郡代を務め、家康の政治経済臣僚として、家康の絶大な信頼に基づいて大きい権限を与えられて、幕府直轄領の総合的開発や民治もを司っていたのである。つまり彼は現在でいえば、関東地方などにおける司法長官や行政長官や通産大臣、農林水産大臣あるいは国土交通大臣などのような広汎な役目を一手に引き受けていたのである。

したがって伊奈備前守忠次は、これらの多方面にわたる政務を処理するにあたって、幕府が幕閣を老中・年寄・若年寄あるいは勘定奉行など各種奉行などに任命し、多方面にわたる幕政を取り仕切るための組織を持っていたことと同様に、伊奈備前守忠次も家康から与えられた多方面にわたる業務を遂行するために、幕府の組織に似た忠次独自の組織をもって、幕府直轄領を統治するための政務に当たっていたものと考えられる。

当時銅は、経済を円滑に動かすために幕府が一六〇六（慶長一一）年に発行する慶長通宝などの原材料などとして需要が生じていたことから、幕府にとって銅は金や銀に次いで極めて重要な金属であったのである。

このようなことから治部とか内蔵と略称で呼ばれていた忠次の家臣達が、彼の命により足尾銅山の開発に当たったものと考えられる。前述の治部や内蔵とよばれていた足尾銅山を開発したといわれている人達は、忠次の家臣の中でも比較的身分の高い者達であったと考えられる。

すなわち、当時の足尾銅山は既に幕府の直轄であった関東地方に存在していたことから、備前国から同銅山に治部とか内蔵いった百姓達がやって来て発見したとか開発にあたったとかいうような余地はなかったのである。すなわち、足尾銅山の開発は、徳川家康が関東に入植した一五九〇年以降、徳川家康の命を受けた伊奈備前守忠次によって組織的に開発されたと考えるべきである。

ちなみに伊奈備前守忠次は、治水利水など関東の各分野の開発にも大きい足跡を残した人物でもあった。彼は一五九〇（天正一八）年、徳川家康が小田原の北条氏攻略の功により豊臣秀吉から国替えを命じられて関東に入植すると直ちに、家康のもと利根川、荒川、鬼怒川など各河川の流域の踏査を繰り返し行って関東平野の性状を的確に把握し同平野開発の礎を築いた。

ちなみに一五九〇年八月一日、家康が関東に入植したのであるが、旬日すなわち一〇日も経ないうちに当時江戸城下を流れ、江戸湾に注いでいた利根川の洪水に見舞われた。この洪水は、家康の政治・財政基盤である関東平野開発の可能性を脅かす重大な事件であり、全国制覇を目指す家康にとって深刻な問題であった。

そこで家康は、伊奈備前守忠次に対して、直ちに関東平野を流れる利根川や荒川や鬼怒川の瀬替えを伴う、治水と利水を考慮した大開発のグランドデザインを描くことを命じたものと思われる。

すなわち伊奈備前守忠次は、近世初頭の天正年間（一五九〇〜一五九二）から寛永年間（一六二四〜一六四四）にかけて営まれた、関東地方における大河川の瀬替えを含む水田開発の全体計画の立案を行ったのである。

関東の治水

例えば、利根川の支流であった荒川を熊谷市のあたりで現在の川筋に瀬替えして利根川から分離したり、当時行田市のあたりから南流して江戸城直下で江戸湾に流入していた利根川を東に振り向けて古河〜栗橋間の関東ローム大地を掘り割って鬼怒川流域であってその一支川であった常陸川と呼ばれていた細流などを経て鬼怒川本川に接続し銚子で太平洋に注ぐという利根川東遷事業の営み、鬼怒川下流域における同川の瀬替えを伴う茨城県旧谷和原村などの大規模な水田開発の営みなど、徳川幕府の政治・財政基盤を築くための巨大プロジェクトのグランドデザインを、家康の絶大な信任を得て家康とともに描いた人物であると私は考えている。

もちろんこの巨大プロジェクトに基づいて実施された大開発の主たる目的は、徳川幕府の財政基盤となる関東平野における大規模な水田開発にくわえて、江戸城下の都市開発と同城下に利根川や荒川などがもたらす洪水災害の防除であった。

ちなみに中世末期の関東平野は、その一部は開発されてはいたが、扇谷（おおぎがやつ）上杉（うえすぎ）氏の家臣である太田道灌が築いたとされる江戸城（東京都）や北条氏の末裔の居城であった岩槻城（さいたま市）や成田氏長が主であった忍城（行田市）など関東平野の各地に割拠する豪族達に分割統治されていて、その多くは開発の余地を大きく残しながら利根川や利根川とは別の川筋を流れて江戸湾に注いでいた太日川と呼ばれていた渡良瀬川あるいは思川の氾濫原であったことから、広大な沼沢地帯であったのである。このため関東平野において大規模な河川の瀬替えを伴う開発を行おうとするとき、豪族達の利害関係が顕在化するために、同平野の大局的見地に立った大規模な開発は不可能な状況で、やむを得ず現状維持の状態が続いていた。

伊奈忠次の功績

一五九〇（天正一八）年、家康が秀吉から関東への国替えを命じられたとき、一部家康の家臣達が広大なだけで生産性の低い沼沢地帯が広がる関東への国替えに難色を示した。これに対して家康は、関東地方すなわち利根川流域や鬼怒川流域の開発の可能性と開発の結果がもたらす大きなメリットについて説き、進んで関東に入植したと伝えられている。

伊奈備前守忠次は徳川家康の絶大な信任のもと、関東平野の各地に所領を与えられた譜代大名達などの権限を超越して、大局的見地から関東平野の大規模な開発計画の作成に当たった。彼の指導で開発した当時としては大規模な農業用水路には、〝備前堀〟とか〝備前渠〟という地名が付けられたり、彼等一族が埼玉平野の利根川（荒川を含む）の流域の開発の根拠地（陣屋）とした武蔵国（埼玉県）の地には伊奈町、常陸国（茨城県）と下総国の国境をなしていた鬼怒川の瀬替えを伴う当時は鬼怒川の下流域であり後に利根川下流域となった旧谷和原村などの開発の根拠地（陣屋）とした地には伊奈村（現つくばみらい市）などとしてその名を残していた。

そのように彼と彼の一族は、関東地方を統治するに当たり、公平無私を旨とし、その極めて大きい事績により関東地方の民衆からおおいに人望を得て慕われていたのである。例えば全国を統一して平和な世の中を実現した徳川家康は没後、その功を讃えて朝廷から諡として〝東照大権現〟を授けられたことは周知の通りである。伊奈備前守忠次については彼の没後、関東における事績の大きさと彼に対する人望から、関東の人民に慕われて〝伊奈権現〟（利根川右岸国道四号橋梁の直上流の堤防上に存在する小碑）と尊称されていたようである。

ちなみに昔の埼玉平野の人々は、伊奈様の存在は大きく認識していたが、将軍様に対する認識は小さかった、と地元では語り伝えられている。絶大な権力を持って君臨した征夷大将軍より、一万石の小大

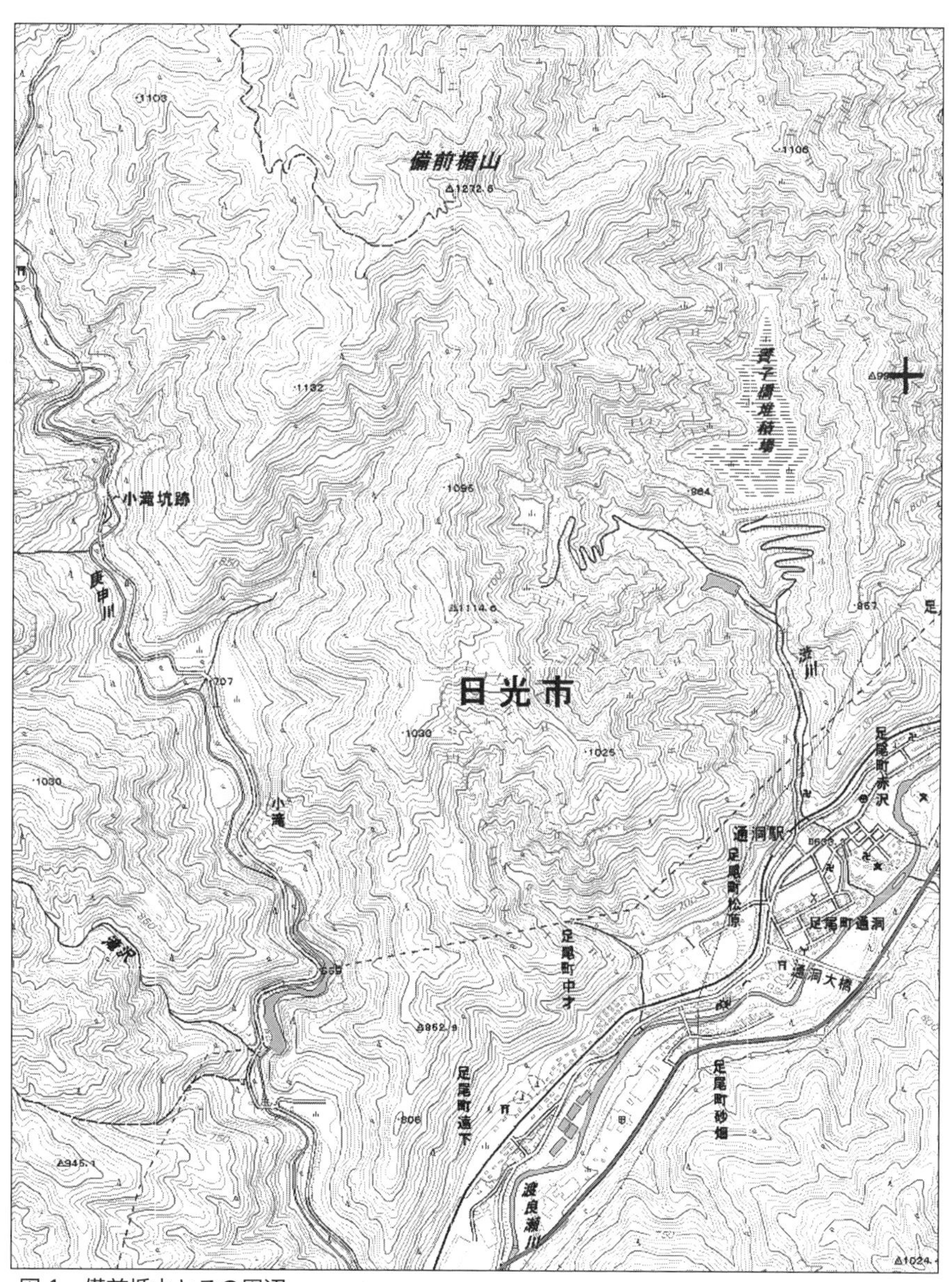

図１　備前楯山とその周辺

名であり関東郡代であった伊奈備前守忠次の方が埼玉平野においては知名度が大きかったということは意外なことである。

そのようなことから、足尾に銅鉱床を発見した、あるいは開発したとされる治部と内蔵は、備前国からやって来た百姓達ではあり得ず、彼等は関東郡代伊奈備前守忠次の家臣達で、それも地位の高い家臣達であったものと考えられ、忠次は彼等家臣達に足尾銅山の開発という重要な任務を任せたのであると考えた方が得心がえられる。

また、足尾銅山が発見あるいは開発されたと伝えられる年と忠次の没年が同じ一六一〇（慶長一五）年である。足尾銅山の主たる銅鉱床が賦存する山塊である備前楯山は、もともとは楯山と呼ばれていたのではないのか。しかし、家康の政治経済臣僚として足尾銅山の開発を指揮した伊奈備前守忠次の業績や遺徳を記念して、治部や内蔵などの官職名あるいは称号をもつ関東郡代である伊奈備前守忠次の家臣達が、楯山に備前を冠して地名とし、人々に備前楯山と呼び習わさせたものであると考えられる。（図1）

いずれにしても近世における足尾銅山の本格的開発は一五九〇（天正一八）年、徳川氏が関東に入植すると直ちに、家康の腹心の家臣で政治経済臣僚でもあった関東郡代伊奈備前守忠次によって、関東開発の一環として行われはじめたものと考えられる。

江戸時代にはピーク時で年間一二〇〇トンもの銅を産出していた。その後一時採掘量が極度に減少し、幕末から明治時代初期にかけてはほぼ閉山状態となっていた。一八七一（明治四）年には民営化されたが、銅の産出量は年間一五〇トンにまで落ち込んでいたといわれる。

四、鉱毒被害の顕在化

古河市兵衛と足尾銅山

明治になって足尾銅山は徳川幕府から新政府に引き継がれて官営となったが、ほどなく民営化され、一八七六（明治九）年には、足尾銅山の経営権は古河市兵衛（一八三二〈天保三〉年～一九〇三〈明治三六〉年四月）らに移り、一八八一（明治一四）年には鷹巣の直利（富鉱帯）に切り当たり、翌年には本坑横間歩大直利（大富鉱帯）を発見した。

一八八四（明治一七）年には足尾銅山の産銅量は、一挙に前年の三・五倍に増大し、愛媛県の別子銅山を抜いて全国第一位の産銅量に達し、古河市兵衛による産銅量も、以後一九〇〇（明治三三）年ころまでの約一五年間、全国の産銅の三～四割を占めるようになった。こうして銅山王と称された古河市兵衛の地位は揺るぎないものとなり、古河家の鉱山業は飛躍を遂げていった。

古河市兵衛は一八九四（明治二八）年、足尾産の銅の付加価値を上げるために日光町清滝に足尾銅山日光電気精銅所を建設することを決意した。それというのも足尾産の銅は、海外に輸出はされていたが不純物が多く含まれることが問題となり、有利な値段では取引されてはいなかったのである。このことは古河市兵衛のみならず我が国にとって国益に関わる大きい問題であった。

足尾産銅の純度を上げるためには電気精錬が必要である。電気精錬には大量の電気エネルギーを必要とする。そこで古河市兵衛は、当時は火力発電が主流ではあったがランニングコストでまさる当時普及しはじめたばかりの水力発電による電気エネルギーによる精錬に着目した。

そこで彼は実地踏査をした結果、足尾銅山が存する渡良瀬川の源流域とは分水嶺で隔てる鬼怒川流域に属する大谷川に着目した。大谷川は、その水源である中禅寺湖の水位が著しく低下して華厳滝からの落水が止まるような大渇水の時であっても、大谷川を塞き止めている男体山の噴火に伴う溶岩に由来す

写真１　華厳の滝と中禅寺湖　大谷川の水源

る透水性に富んだ地層を透過して、同湖からの毎秒四・六立方メートルの漏水がある（日光土木事務所）。（写真１）

この漏水量は大谷川流域の大渇水時においても最低流量を維持して通年安定している。この漏水こそ年間を通しての安定した水力発電を可能にしている。すなわち銅の電気精錬の安定操業を可能とするとの観点からして、きわめて好都合な条件であったのである。

中禅寺湖からの安定した漏水量は、大谷川流域にとどまらず鬼怒川流域全体にとっても貴重な水資源なのである。このことから、市兵衛は、水力発電所を設けて電気精錬事業をおこすことに適している大谷川の流域の日光町清滝に電気精銅所を建設することを決めて建設に着手した。電気精銅所は一九〇六（明治三九）年、操業を開始した。

渡良瀬川と鉱毒被害

一方、足尾銅山が活況を呈するにしたがって、渡良瀬川の洪水のたびに足尾銅山の操業に伴って発生する鉱毒による鉱毒問題が顕在化した。鉱毒による被害はまず、一八七八（明治一一）年と一八八五（明治一八）年に、渡良瀬川のアユの大量死という形で現れた。しかし、当時は原因が分からず、足尾銅山が原因かも知れないというような曖昧な情報からはじまった。一八九〇（明治二三）年八月、渡良瀬川に大洪水があり、上流にある足尾銅山から流れ出した鉱毒によって稲が立ち枯れる現象が流域各地で確認されて騒ぎとなった。（写真2、表1・表2・表3）

　このようなことから衆議院議員になっていた田中正造は、一八九一（明治二四）年、鉱毒の被害などを視察し、第二回帝国議会で足尾鉱毒問題に関する質問を行った。渡良瀬川流域では一八九六（明治二九）年七月二一日、八月一七日、九月八日の三度にわたる大洪水で田畑の被害が顕著になった。そこで彼は一八九六年にも帝国議会において同じ質問を再び行うとともに、群馬県邑楽郡渡瀬村（現群馬県館林市）の雲龍寺において演説を行った。これによって一八九七（明治三〇）年には足尾鉱毒問題は大きな社会問題に発展し、同年三月二日には足尾銅山鉱

写真２　足尾銅山の施設群

毒被害民代表八百余名が請願のため上京した。

鉱毒がもたらした災害は主に、足尾銅山の操業に伴い発生する高濃度の亜硫酸ガスを含んだ排煙がもたらした災害と、鉱毒を含んだ排水がもたらした災害の二種類に起因するものと考える。

その一つは、足尾銅山の操業に伴って生じる高濃度の亜硫酸ガスを含んだ排煙などに起因する渡良瀬川流域の洪水災害の問題である。すなわち、銅鉱石の製錬に必要な薪炭材を、足尾銅山が存在する手近な渡良瀬川源流域の山林を大規模に伐採して調達した。これだけでも渡良瀬川源流域を荒廃させる重大な環境破壊行為であったが、さらに加えて同源流域などにおいて調達した薪炭材を使用して銅鉱石の製錬に用いた。この製錬に伴って発生する排煙に含まれる高濃度の亜硫酸ガスが同源流域一帯の草木を文字通りすべて枯死させた。その結果、渡良瀬川源流域の山地の著しい荒廃を招き、裸地と化した山腹からは、わずかな降雨であっても大量の土砂が同川に流れこみ、下流域の水田地帯を流れる未改修の渡良瀬川の川底を浅くした。その結果、中小の洪水時にも下流域において堤塘と呼ばれる当時の規模の小さい未改修の堤防を決壊して農地などに氾濫し、人々の生活を脅かしていた。（写真3）

もう一つの鉱毒がもたらした災害は、銅鉱石を採掘して精錬する際に生じる当時は利用されずに渡良瀬川に排出されていた微量の銅を含む希少金属類や重金属類などが、同川下流域の人々の健康や魚類や水稲栽培など生態系に及ぼしていた影響である。足尾銅山から渡良瀬川に排出される微量の銅を含む希少金属類や重金属類などの鉱毒により、同川の魚類は死滅し、水稲は生育障害を起こし著しい収穫減をもたらし、流域に住む人々の健康にも深刻な影響を与えて流域はおおいに疲弊していた。

ちなみに足尾銅山から発生する鉱毒は、渡良瀬川の魚族にも深刻な影響を及ぼしたため渡良瀬川の漁業に致命的打撃を与えていた。一八八一（明治一四）年には二七〇〇人いたといわれる漁業者が、一一年後の一八九二（明治二五）年には皆無となったと伝えられている。

渡良瀬川のこれらの鉱毒問題は、治水利水両面で

写真３　渡良瀬川源流域の現況

渡良瀬川流域にとどまることなく下流域の利根川本川や江戸川の流域にも波及する重大な問題もはらんでいたために、それを解決することは急を要していたものと考えられる。

表１　足尾銅山の銅の産出量

1 斤 =600 グラム

年次	産出量	価格	百斤当り価格
明治 29 年	9,849,089 斤	2,297,792 円	23.33 円
30 年	8,919,493 斤	2,256,632 円	25.30 円
31 年	9,146,579 斤	2,314,084 円	25.30 円
32 年	9,701,489 斤	3,226,715 円	33.26 円

表２　足尾銅山の鉱業税・鉱区税

年　次	鉱業税	鉱区税	合計
明治 29 年	20,721 円	689 円	21,410 円
30 年	22,566 円	693 円	23,259 円
31 年	23,427 円	685 円	23,494 円
合　計	66,427 円	2,067 円	69,494 円

表３　渡良瀬川の水質

年　月	銅（1リットル中の含有量）	鉄（同）	硫酸（同）
明治30年11月	0.00041グラム	0.00091	0.0120
12月	0.00028	0.00102	0.0163
31年1月	0.00035	0.02430	------
2月	0.00033	------	------
3月	0.00030	------	------

「利根川治水考」より

五、渡良瀬遊水地創設をめぐって

川俣事件の衝撃

一八九七（明治三〇）年、明治政府は足尾鉱毒問題を重大視して同年三月二四日、足尾銅山鉱毒事件調査委員会を設置し、委員には古市公威（内務省土木技監）ら一六名を任命し、「第一回足尾銅山鉱毒事件調査委員会」（第一次）を発足させ、検討を重ねつつ、古河市兵衛に対しては重ねて鉱毒排除命令などを下し、足尾銅山からの鉱毒排出の改善を試みた。しかし当時の採鉱や銅鉱石の製錬技術では、渡良瀬川に鉱毒を完全に排出することを止めることはできなかった。

この間、流域住民達はしばしば上京し、政府に対して足尾鉱毒問題の解決について小規模な請願運動を繰り返していたが、一九〇〇（明治三三）年二月、足尾銅山の鉱毒被害に苦しむ栃木・群馬両県の流域数千人とも伝えられる農民達は、一斉に決起した。

そして彼等は、上京して政府に鉱毒問題の解決を請願するために利根川左岸の群馬県明和町川俣に集結し、これを阻止しようとする警察と衝突する事件が起こった。この事件は「川俣事件」として後世に伝えられている。

一九〇〇（明治三三）年二月、田中正造は川俣事件の直後、国会において川俣事件に関する質問を行った。これが「亡国に至るを知らざれば之れ即ち亡国の儀につき質問」で、日本の憲政史上に残る大演説であった。彼は二日後の演説の途中で、当時所属していた憲政本党を離党した。当時の総理大臣・山県有朋は「質問の意味が分からない」として答弁を拒否したのである。一九〇一（明治三四）一〇月二三日、田中正造は国会議員を辞職したのであるが、鉱毒被害を訴える活動はやめず、主に東京のキリスト教会などで鉱毒に関する演説をたびたび行っていた。同年一二月一〇日、田中正造は東京市日比谷において、帝国議会開院式から帰る途中の明治天皇に足尾鉱毒事件について直訴を行った。しかし、途中で警備の警察官に取り押さえられ直訴そのものは失敗したが、東京市中は大騒ぎになり、号外も配られ、直訴状の内容は広く知れ渡るところとなった。直訴状は幸徳秋水が書いたものに田中正造が加筆修正したと伝えられている。田中正造は即拘束されたが、政府は単に狂人が馬車の前によろめいただけとして不問にすることとし、即日釈放されたのである。

利島・川辺村民の闘い

埼玉県北埼玉郡利島村及び川辺村が、遊水地計画からはずされたいきさつは次の通りである。

両村は未改修の利根川と渡良瀬川が合流する地点に存在する。そのため両村は度重なる水害で疲弊していた。一八八七（明治二〇）年以降だけ見ても、一八八九年、九〇年、九一年、九二年、九八年と、五度の大洪水を蒙り、洪水のたびに決壊した堤防の修築に莫大な経費がかかるため、埼玉県当局は利島・川辺両村を「厄介村」と呼んでいた。

一九〇二（明治三五）年一月初旬、利島・川辺両村の鉱毒被害地の租税減免措置の陳情に浦和の埼玉県庁を訪れた両村民達は、両村が遊水地化されることを知ったのである。そこで両村の男達は、遊水地化反対の押し出しと彼等が呼んでいた陳情を何度も試みたが、いずれも警官隊に阻止されてしまっていた。

そこで両村は一計を案じ、ソフトパワーである女性達の請願団を組織し、上京させる計画を立てたのである。これを聞いた一八歳から六六歳の幅広い年齢層の両村の女性達が同村の鉱毒委員などのところに殺到し、進んで陳情団に加わることを志願した。しかし、この女性達による陳情は成功しなかったのである。

そのころ、鉱毒被災地で有毒な砒素が発見され、このことが発火点になって、両村などの住民が東京へ向けての大挙請願、押し出しが計画された。一九〇二（明治三五）年三月二日朝、両村の住民を中心に被害民達が、利島村柳生の養性寺に集結し、その数は二〇〇〇人近くまで膨れ上がった。約二〇〇〇人の被害民達は、下野国（栃木県）・武蔵国（埼玉県）・下総国（茨城県）の国境にある渡良瀬川に架かる三国橋を渡り、茨城県古河市の日光街道にさしかかるころには、途中から参加した農民達も加わって総数は約三〇〇〇人に膨れ上がっていた。古河市の中田の渡しから利根川を渡り埼玉県栗橋町まで来ると、五〇〇人以上の警官隊が待ち受けており、約一〇人の検挙者を出して、二〇〇〇人以上の被害民が栗橋で阻止されてしまった。それでも警官隊の警戒線を突破して、二～三日かけて東京にたどり着いた約三〇〇人の被害民達は、警官隊に阻止されながらも、田中正造の盟友鈴木万次郎代議士の取りなしで代表七人が平田東助農商務大臣に面会して窮状を訴えた。さらに同年三月七日には被害民約一五〇人が再び内務省に集合し、内務大臣に面会を求めたのであるが、警官隊に阻止されて会うことができなかった。

一九〇二（明治三五）年九月二八日、関東地方を足尾台風が襲来し、川辺村栄西の利根川堤防が三六〇メートルにわたって決壊し、全村が濁水の湖と化してしまった。しかしそれでも当局は、両村を遊水地化する方針を固めていたため災害復旧工事を行わなかった。利島・川辺両村民は、翌一〇月一六日、利根川の決壊現場で合同村民大会を開いた。両村の全ての土地を買収して廃村とし遊水地にしてしまう意図から、決壊現場を放置し災害復旧工事に着手しない政府や県に抗議するためである。そこで満場一致で村民達の決議案を採択したのである。採決された決議とは次の通りである。

一、国、県にて堤防を築かずば、我ら村民の手に依ってこれを築かん。

二、従って、その際は国家に対して断然、納税、兵役の二大義務を負わず。

このような両村民の決死の抵抗により、一九〇二（明治三五）年一二月二七日、埼玉県は臨時県会において利島・川辺両村の遊水地化計画を断念することを決議した。このようにして両村民達は国や県当局に対して両村を遊水地化するとの計画を撤回させることに成功したのである。

鉱毒問題から治水問題へ

これらの被害農民達の行動を深刻に受け止めた政府は、同調査会においてさらに検討を重ねて国益を損なうことなく問題の解決を図ろうと度々同委員会を開催し努力していた。

一九〇二（明治三五）年一一月二五日、「第八回同調査委員会」において、渡良瀬川の洪水や鉱毒が利根川本川の治水利水計画に影響を与えないことを前提とする渡良瀬川の鉱毒問題や洪水対策として、渡良瀬川に藤岡町（現栃木市藤岡町）の台地を開削して捷水路（ショートカット）を設けるとともに、谷中村を含む空間に遊水地を創設することを提案した。

つまり渡良瀬川を改修して洪水を処理するとともに、日常的に足尾銅山がもたらす鉱毒を谷中村一帯の沼沢地帯に直接注いで沈殿させ、利根川や江戸川の下流域への影響を最小限に抑えることが目的であったのである。（写真4）

同年一二月一九日、「第一〇回同調査委員会」において、渡良瀬川に捷水路を設ける地点（藤岡～赤麻沼）及び遊水地の計画の規模を明らかにするとともに、鉱毒被害民の北海道への移民奨励案もこの時提案がなされたのである（栃木県公報）。ちなみに補償の対象になった谷中村とその周辺に住む人々は、藤岡町や小山市や野木町など周辺の台地上などに移転したが、一部の人々は北海道への移民の募集に応募した。北海道に移民した鉱毒被害民等は、サロマ湖周辺に入植したとも伝え聞いていた。

ところで平成に入って間もない、今から二十数年前、私たち夫婦は車で北海道を旅行していた。サロマ湖の周辺にさしかかったあたりに、確か「ポー川」と呼ぶ小河川があり、その付近に古い民家を再利用した地元の歴史資料館を発見し、興味を惹かれてその中に入ってみた。するとそこには、子どものころに嗅いだ栃木県の古い農家の匂いがした。懐かしい匂いであった。まさに囲炉裏の匂いであった。その古民家は土間と板敷きの居間一間があるだけの、これ以上質素な民家は見たことがないほどの質素な造りの建物で、台所を兼ねた土間の壁には、全面に鍋釜、蓑や笠など生活用具がかけてあり、農耕具なども展示されていて生活感にあふれた空間であった。その板敷きの居間の奥まった壁際には小さい書棚があり、十数冊の本が立てかけてあった。その中でひ

写真４　渡良瀬川の捷水路　藤岡の台地を掘り割って渡良瀬川を赤麻沼に注いだ

ときわ分厚く私の目に飛び込んできた書物があった。その書物の背表紙の詳しいタイトルは忘れたが、足尾鉱毒事件に関するものであった。このようなわけで、谷中村から北海道への移民とサロマ湖との関係についての希薄であった記憶がよみがえり、この古民家の住人はやはり谷中村から入植した家族とその子孫が、つい最近まで使用していた住居であったものであると確信したのである。彼らは遠く北海道から故郷の谷中村を偲んでいたのである。私はこのような家を住み処として荒涼とした大地に入植して開拓に励んだ移民が味わった言い知れぬ苦労を想ったものである。

そのころロシアと我が国は遼東半島や朝鮮半島などの支配権を巡って争い、一九〇四（明治三七）年、開国してわずか三十数年の日本が、大国であるロシアに対して無謀にも宣戦布告したのである。その戦費として、足尾銅山から産出する銅も有力な外貨獲得の資源として期待されていたものと考えられる。

輪中の村・谷中村

一九〇五（明治三八）年三月一七日、栃木県知事から谷中人民惣代に宛てて、谷中村民が洪水災害を常習的にうけている状況からこれを救済することを理由に、当該地域を瀦水地（遊水地）にすることとして同遊水地の予定地となる地域の谷中村やその周辺の村民に対して補償金を支払うことなどを内容とする告諭が行われた（栃木県公報）。

ここで当時の谷中村とその周辺の状況を説明すると次の通りであった。

谷中村は、一八八九（明治二二）年四月一日の町村制施行にもとづいて下都賀郡下宮村、内野村、恵下野村が合併して成立した。

そこは、当時は舟運にはきわめて都合がよいが、農耕地としての高度利用という観点からしては、治水上大きい問題を抱えていた。つまり谷中村とその周辺の空間の状況は、未改修の渡良瀬川・思川・巴波川などが合流する地域に存在し、各河川は蛇行乱流していた。したがって洪水時の水流の疎通が悪いため、洪水災害に頻繁に襲われていた。

加えて谷中村とその周辺の空間から渡良瀬川を少し下ると利根川に合流する。このため同空間には、洪水時には利根川の洪水が渡良瀬川を逆流して同空間に大きく影響を及ぼしていたものと考えられる。

そのため谷中村民は、同村の周囲に規模の小さい堤防である堤塘をめぐらして中小規模の洪水から集落をまもるための輪中を形成し、さらに輪中内に洪水が氾濫した時に村民が避難するための水塚（みつか）と呼ぶ塚を築いて、渡良瀬川や利根川などの洪水の氾濫に備えていた。現在も谷中村役場を兼ねた村長宅跡など幾つかの水塚が存在する。（写真5）

堤塘は小規模でかつ脆弱であったため、中小洪水でもしばしば決壊し、同村の農民を苦しめていたものと思われる。

現在において同村は、当時は肥沃な土地で、村民は水田稲作にいそしんで豊かな生活をしていたと流布されている。しかし、それは事実とは大変異なる。

現在の渡良瀬遊水地内の土地の状況からは、当時の土地の有様をしのぶことは困難であるかもしれな

写真５　水塚群　谷中村跡の村役場跡などの水塚群

い。しかし、当時の地形図（迅速測図＝明治初期から中期ころにかけて関東平野の一部を測量した二万分の一の地図）を見ると、谷中村とその周辺には赤麻沼と総称される大小の湖沼が数多く存在し、湿地が大部分を占めていたのである。したがって、わずかに谷中村内に存在する水田は、生産性の著しく劣る湿田であり、水稲栽培で得られる収入は限られていたものであったと考えられる。（図2）

現在も遊水地内の同村跡に残る洪水の際の村民の避難場所として設けられた土を盛り上げて築かれた水塚群の存在が、同村の当時の状況を雄弁に物語っているように見える。そこは農耕地としては劣悪な条件下にあったのである。すなわち渡良瀬遊水地となる谷中村を含むその周辺一帯は、もともと渡良瀬川や利根川などの天然の遊水地としての機能を有していたのである。

しかし、谷中村など赤麻沼が存在した湿地帯は、渡良瀬遊水地創設に伴い渡良瀬川の捷水路が設けられて鉱毒を含んだ水が沼沢地帯に注がれるようになるまでは、コイ、フナ、ナマズ、ウナギなど数多くの魚類が棲息し、漁獲量は豊富であったようである。栃木市藤岡歴史民俗資料館に展示されている当時の多種多様な漁具類から推測して、漁労によってある程度生計が成り立つくらいの漁獲量はあったものと推測される。

水運の要衝として

また、谷中村は、次に述べる理由から水運の要衝として繁栄していたものと思われる。

現在では、内陸部の輸送は鉄道やトラックによる輸送が圧倒的で、水運による輸送はほとんど行われてはいない。しかし、近代初頭以前すなわち中世・近世・明治初期までの内陸部における物流は、舟運による輸送手段が主流を占めていたのである。当時の陸上輸送の手段は、現在のように鉄道やトラックなど大量に物を輸送する手段が存在していなかった。道路など内陸部の物流に必要なインフラも貧弱であったため、人力や牛馬の背、あるいは荷車や荷馬車などによる輸送にたよっていた。これらの輸送方法は、当時としては大量に物資を運べた舟運に比

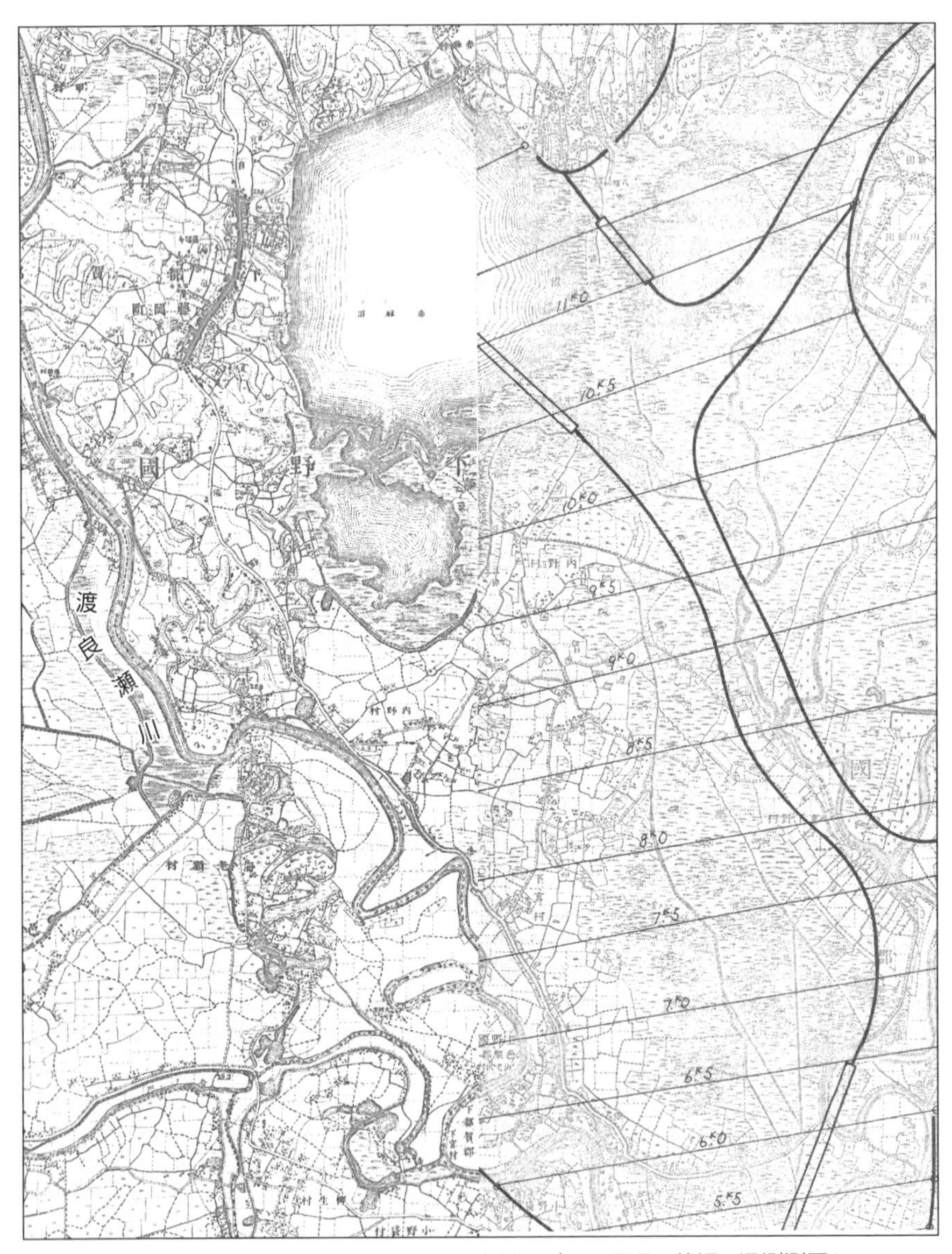

図２　明治中ごろの渡良瀬遊水地創設前の谷中村及びその周辺の状況（迅測測図）
実線（太線）は遊水地の調節池化の際に用いた周囲堤と囲繞堤の位置を表す

較して格段に劣るものであったのである。

このような理由から明治初期以前の内陸部の輸送は、河川や運河を利用した水運が大きな比重を占めていたのである。

すなわち谷中村は、思川、巴波川などが渡良瀬川に合流する地域であり、さらに思川や巴波川などの合流により水かさを増した渡良瀬川がその直下流で利根川に合流する。さらに両川の合流地点をやや下ると利根川は江戸川を分派する。

関東平野においては、江戸川は利根川に次ぐ大きな河川である。この江戸川は、実は舟運のために開かれた航路である運河として開削された河川でもあるのである。近世初頭、北関東と江戸との舟運を担っていた当時、江戸湾に直接注いでいた利根川や渡良瀬川が、東遷される利根川によって分断されることになった。江戸川は近世初頭に行われた利根川の東遷事業に伴い、江戸と北関東を結ぶ内陸航路が失われるために、北関東と江戸を結ぶ航路として使われていた当時、江戸城直下を流れて江戸湾に注いでいた利根川や、やはり江戸湾に注いでいた渡良瀬川の代替航路として、一六三五（寛永一二）年に開削された運河なのである。

江戸川を下りその河口付近で、中世末から近世初頭に徳川氏によって開削された運河、新川や小名木川を通じて隅田川に至り江戸城下の日本橋の河岸と結ばれていた。つまり北関東の小江戸と呼ばれるほど繁栄していた栃木市の蔵の街と東京（江戸）は、このような地理的条件で結ばれていたのである。

したがって谷中村は、東京（江戸）と下野国の栃木市街の蔵の町間の水運の中継地点であり舟運の要衝であったのである。すなわち、巴波川は近世から近代初頭、舟運で繁栄した栃木市内の蔵の町に通じる河川であったのである。

巴波川の水源

巴波川の水源は、思川などの伏流水に由来する栃木市内に分布していた豊富な湧水群であった。

例えば、主な水源としては、栃木市川原田町の白地沼（じぬま）とその一帯の標茅（しめじ）が原（はら）と呼ばれていた湿地帯などに存在した湧水群である。そのため巴波川の流量は、季節変動が少なく年間を通じて安定していたところから、舟運にはきわめて好都合な河川であったのである。残念ながら現在、白地沼とその一帯の標茅が原の多くは宅地化され、当時のような顕著な湧水は見られないとのことである。

もう一つの大きい水源としては、思川の上流の栃木市西方町本城にある小倉堰から年間を通じて取水している農業用水や生活用水の落水（おちみず）の大部分が巴波川に再び合流している。湧水群の水量に加えてこの落水の水量は、さらに巴波川の舟運に必要な巴波川の水深を維持することに寄与したものであったと思われる。

このように水源に恵まれていた巴波川は、小河川でありながら舟運にはきわめて好条件を備えていた河川であったことから、小江戸と呼ばれていた栃木の繁栄を支える重要な河川であったのである。

巴波川の水運を担った都賀舟

巴波川の水運に使われていた舟は都賀舟（つがぶね）と呼ばれる小型の川舟であり、それは小型でありながら米俵にして二〇ないし三〇俵は積載できたとのことである。牛馬の背であればせいぜい数俵、荷馬車でも十数俵程度を運搬することしか出来ず、牛馬の輸送能力の限界から宿駅ごとに頻繁に荷を積み替える必要があった陸上輸送と比較して、舟運は桁違いに輸送効率が良かったのである。（写真6）

このようなところから谷中村などの巴波川や思川などの河川が合流する地域は、江戸日本橋の河岸から隅田川を横切り小名木川・新川・江戸川を経て、水深が比較的深い大河川である利根川を遡上してくる喫水が深く大量の荷を積載できる大型の川船から、水深が浅く規模の小さい河川である巴波川を遡上するために、小河川の運航に適した喫水の浅い小型の舟、都賀舟などに荷を積み替えて栃木に至る巴波川航路の中継基地として、谷中村は舟運に従事していた人々で栄えていたのである。

ちなみに、北関東の下野国の主な産物は、米穀など食料雑貨や木材などであり、それらは栃木の蔵の街に集積し、巴波川を舟で下って江戸に運ばれていた。また、江戸からはからは文物が逆のコースをたどって栃木から北関東の各地に伝播していた。そのようなわけで、栃木は北関東の小江戸と称されるほどの繁栄をしており、谷中村もまた江戸・栃木間の荷の中継基地として栄えていたと考えられる。（写真7）

鉄道の発達と水運の衰退

しかし、この水運による谷中村の繁栄は、次の理由から急速に衰退していったのである。

すなわち鉄道輸送など陸上交通が発達し、輸送方法が舟運から鉄道輸送にとってかわりつつあるとき、おりから国土の高度利用を目指して国策として行われていた主として洪水に対して脆弱であった河川の堤防の規模を大きくし、洪水が河川等に滞り堤塘と呼ばれていた規模の小さい堤防を決壊することのないよう曲がりくねって流れが緩慢であった河川の直線化を図り、慢性的に洪水災害を受けていた農耕地などを水害から防御するために河川の改修事業が行われた。その結果、水はけの良くなった河川の川底は浅くなり、舟運には不向きな河川に変貌しつつあった。

すなわち旧来の河川は、蛇行が著しいことから水流が緩慢であり滞りがちであるために水深は比較的深く保たれていた。言葉を変えていえば、旧来の河川は洪水時の流水の疎通が著しく悪かった。その結果、洪水に対しては著しく脆弱であったが舟運にはきわめて適していたのである。

明治以降に実施された河川改修事業は、旧来の蛇行著しい河川の直線化を図り堤防の規模を大きくして、洪水が内陸に氾濫したりして滞留することなく、いち早く海に注ぐことを目的とした。その結果、河川の改修工事を施した明治以後の河川は、旧来の河川と比較して旧来の河川が持っていた保水力が著しく低下して川底が浅くなるなどして、舟運には不向きな河川に変化しつつあった。このような事情とあいまって、水運は鉄道など陸上輸送に淘汰されつつあったのである。

以上の理由から谷中村は、産業の近代化などによる社会構造の変化の中、急速に衰退しつつあったのである。

ちなみに東北本線は、一八八五（明治一八）年七

写真６　都賀舟　巴波川の舟運を担った

写真７　栃木市の巴波川の河岸

月、大宮駅と宇都宮間の営業運転がはじまり、途中には蓮田、久喜、栗橋、古河、小山、石橋の各駅が設置された。その開通式は上野駅と宇都宮駅で行われ、当日は伊藤博文等が上野駅から宇都宮駅間を汽車で往復した。さらに加えてその三年後、両毛線が一八八八（明治二一）年五月、北関東で産する米や味噌などの産物が集積する栃木の栃木駅を経由する路線が小山駅と足利駅間で開業した。これによってこの地域一帯の物流は、舟運から鉄道輸送へと劇的に変化したのである。

この頃を境にして北関東と東京を結ぶ舟運が急速に衰退し、それに伴い谷中村の繁栄も急速に終焉に向かったのではないかと思われる。

ところで、遊水地創設前の渡良瀬川は、栃木県と群馬県や埼玉県の県境を流れて利根川に合流していたのである。その流路跡が現在の県境になって国土地理院が発行している地形図上に残っている。

渡良瀬川は、渡良瀬遊水地西方の足利市・佐野市方面から栃木・群馬の県境を流れてきて捷水路開削前の藤岡町の台地の西に突き当たる。そこから、流れを南に転じ栃木市藤岡町と群馬県板倉町さらには埼玉県加須市北川辺町の県境を流れ、さらに北川辺町と茨城県古河市との県境を流路として利根川に合流していた。

当時は群馬県、埼玉県と栃木県との県境をなしていた渡良瀬川の川跡を現在の地形図などに見ると、著しく屈曲し、川幅は狭く、河川の規模が小さく貧弱であったことから、中小洪水に対しても極めて脆弱であったのであった。

前述した捷水路とは、西方の佐野方面から栃木県と群馬県の県境を流れてきた渡良瀬川が藤岡町に突き当たる部分の台地の狭窄部を開削して同川の捷水路とし、同川の遊水地となることになる赤麻沼と総称される沼沢地帯の中にある谷中村に注ぎ込んで、鉱毒を含んだ同川の水を滞留沈殿させることにより鉱毒の影響が下流域の利根川や江戸川に拡大することを防ぐこと。

また、それまで洪水時に上流の農耕地に氾濫遊水していた渡良瀬川の洪水は、同川を改修することにより上流域に氾濫遊水せずに一気に流れ下って、下流域において洪水量が増大することになる。この増大する洪水を谷中村とその周辺の赤麻沼と総称されていた沼沢地帯に人為的に滞留、すなわち遊水させることにより、流域の洪水被害を軽減させるための遊水地として機能させること。

すなわち、渡良瀬川をはじめ利根川など各河川の洪水に伴う氾濫被害を防止軽減することであった。同捷水路として藤岡の台地を開削した地点は、東武日光線の橋梁や県道佐野～古河線の道路橋である新開橋などが架けられている部分の渡良瀬川がそれである。

谷中村買収案可決される

政府は、渡良瀬川の鉱毒問題と利根川水系利根川及び同水系渡良瀬川の治水上の問題を一挙に解決するために、日露戦争が始まった同じ年の一九〇四（明治三七）年、夜半に行われた栃木県議会において、堤防改築案に偽装された谷中村買収案が可決されたと伝えられる。

しかし、「堤防改築案に偽装」というくだりは、渡良瀬遊水地創設に伴って同遊水地の周囲堤や同遊水地に流入する渡良瀬川、思川、巴波川などの各河川の改修工事が行われて堅固な堤防が築かれていることから、後年の遊水地創設問題の研究に関わった人々の誤解にもとづく見解であると考える。

同年一一月、その議決に反対する谷中村民より栃木県会議院に宛て、谷中村の回復への請願書が提出された。しかし、この請願は成功しなかった。

渡良瀬川の遊水地計画立案当初の範囲は、谷中村に加えて利根川左岸堤防と同遊水地に挟まれて存在する埼玉県北埼玉郡利島村及び同川辺村（現加須市北川辺町）も含まれていたが、同計画の実施段階で両村は同計画から外された。

その理由について、両村は谷中村と比較して生産性の高い優良な農地が分布していたことに加えて、両村の村民達が遊水地化につよく反対し、それを理由に納税・兵役の義務を拒否するなどの強硬な反対運動をしたためであることは前に述べたところである。

一九〇五（明治三八）年一〇月三一日、栃木県知事は、谷中堤内にある土地その他の不動産に対して補償処分を行うに当たって、それらの土地などの所有者及び関係人はその準備をなすことを要すとの告示の後、一九〇六（明治三九）年五月一一日、同県知事は下都賀郡谷中村を廃村とし、その区域を同郡藤岡村（現栃木市藤岡町）に併合することとして、同年七月一日より施行するとの告示を発した。

一九〇七（明治四〇）年一月一日、同県知事は「明治四〇年一月二六日、内閣において認定公告相成りたる栃木県の起業に係る瀦水地（遊水地）敷地として収用すべき土地の細目左の如し」との渡良瀬遊水地となるべき土地の収用公告を行い、同年四月五日、同県知事は渡良瀬遊水地の予定地内の土地について、治水事業のための収用の準備をするためとして、同予定地内の民有地へ官吏の立ち入りを許可するとの公告を行った。

谷中村強制執行

同年、渡良瀬遊水地の創設に反対し最後まで残留していた谷中村の一六戸に対して強制執行を行い、全村九三六町歩（約九三六ヘクタール）、戸数三八二戸の立ち退きが終了した。

ちなみにこの年の二月、足尾銅山においては鉱夫達による暴動が発生している。暴動の理由は賃金と待遇の改善にあったといわれている。

しかしこの暴動は、渡良瀬遊水地創設と無関係ではなく、足尾銅山は、遊水地創設などに関連しての受益者であることから、受益者負担の原則により遊水地創設などに要する土地の買収や補償に要する多額の費用負担を求められて、その費用の捻出に苦心しており、同鉱山の鉱夫達への賃金などの支払いにも影響を与えていた結果であると私は考えている。

一九〇八（明治四一）年七月二一日には、渡良瀬遊水地になる旧谷中村堤内（輪中）一帯のほか、赤麻沼・思川・巴波川などに河川法が適用になり、三三〇〇ヘクタールの遊水地を取り囲む堤防が築かれる範囲である外郭が確定したのであった（栃木県公報）。

ちなみに遊水地の全面積が三三〇〇ヘクタールであるのに対して同遊水地の敷地として買収収用した面積は九三六ヘクタールである。その差である買収収用の対象外の約二四〇〇ヘクタールは、公有の水面である赤麻沼と総称される大小の湖沼と、その性状から農耕地としては利用不可能で経済価値のないと当時は考えられていた無主の湿地からなる空間であったのである。この事実からして、谷中村は肥沃な農地が分布する稔り豊かな村落であったとする説は大きな誤りであるといえる。

一九一〇（明治四三）年四月、栃木県足利郡毛野村（現足利市）から利根川合流点までの渡良瀬川、思川とその支川の堤防及び渡良瀬遊水地になる土地と他の土地との境界をなす周囲堤を築造するなど本格的な改修工事に着手し、一九二二（大正一一）年度には渡良瀬川改修工事がほぼ完成し、一九二三（大正一二）年八月一五日、渡良瀬遊水地を含む渡良瀬川などは、国の直轄管理するところとなったのである。渡良瀬川改修計画の概要は次のとおりである。

改修計画の概要

渡良瀬川は、その流域の潅漑面積一万九千五百ヘクタール、水害範囲は四万五千五百ヘクタールで、足利市から下流は平地に属し霞堤や無堤の部分が多く存在し、堤防があっても小規模なものであってかつ河幅も極めて狭かったため、洪水の度に溢流・決壊が各所で発生して、頻繁に洪水被害に悩まされていた。特に下流思川合流部付近一帯は利根川の逆流を受け、渡良瀬川・思川・巴波川の洪水が赤麻沼を中心とする地域に氾濫停滞し、堤内の耕地数万ヘクタールが泥海と化し、かつ湛水が長期間にわたるためその惨害を被っていた。

そこで、この改修計画では、主として高水防御を目的としながら併せて水利改善も計ることとし、計画上の流量は渡良瀬川本川毎秒二千五百立方メートル、支川思川同一千七百立方メートル。毛野村から藤岡町までの延長は二十粁である。その河身は迂曲狭隘のため河積不足に加えて堤塘の規模が小さく、しかも各支川の流末は無堤のままであるため、洪水の度に氾濫・溢流していた。改修計画では改修法線を定め河幅を起点では百八十二米とし、四百十八米まで次第に拡張する。既にある堤防は拡築し、無堤部には堤防を設け、河身を掘り広げて高水を安全に

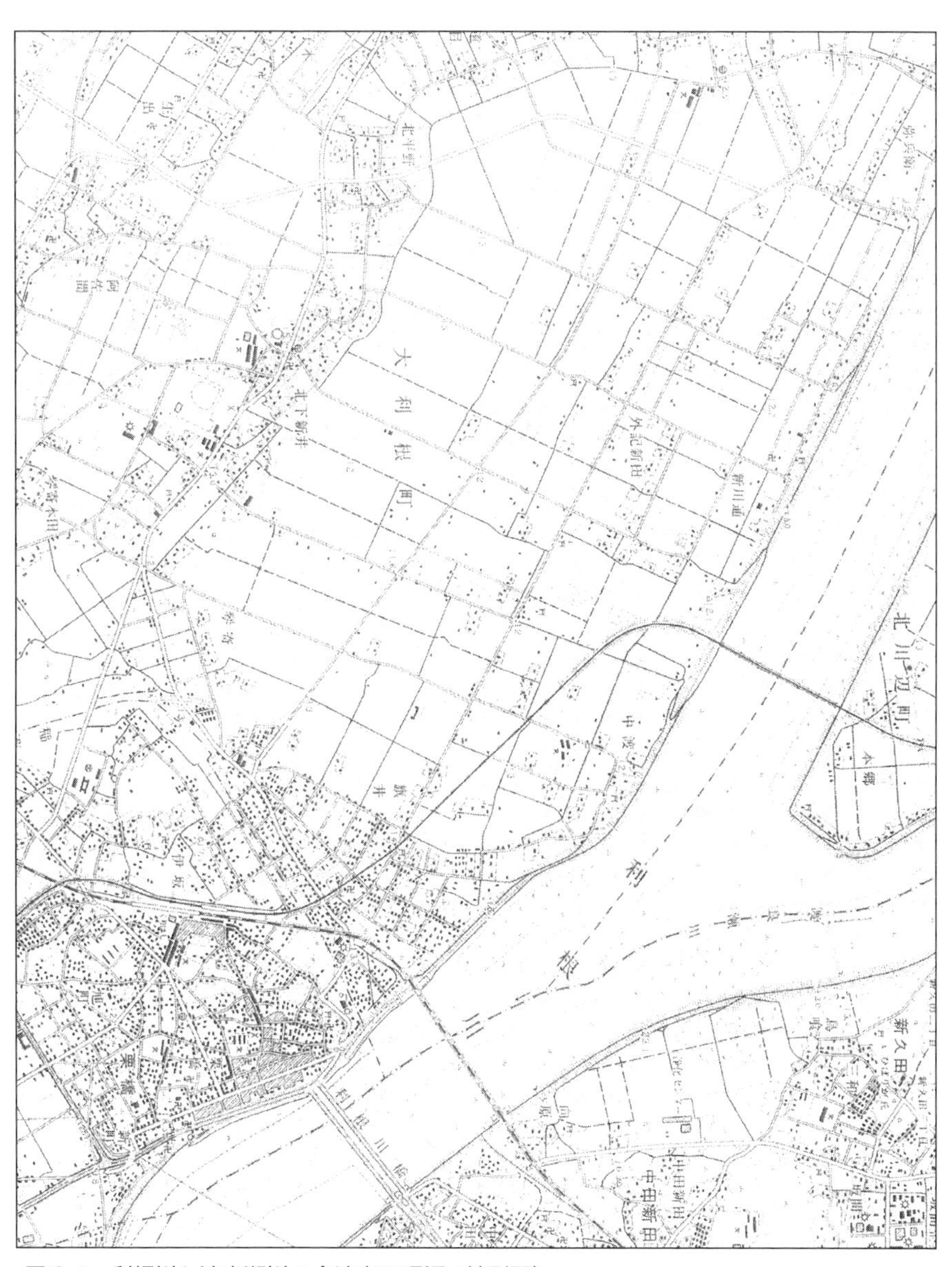

図 3-1　利根川と渡良瀬川の合流点の現況（地形図）

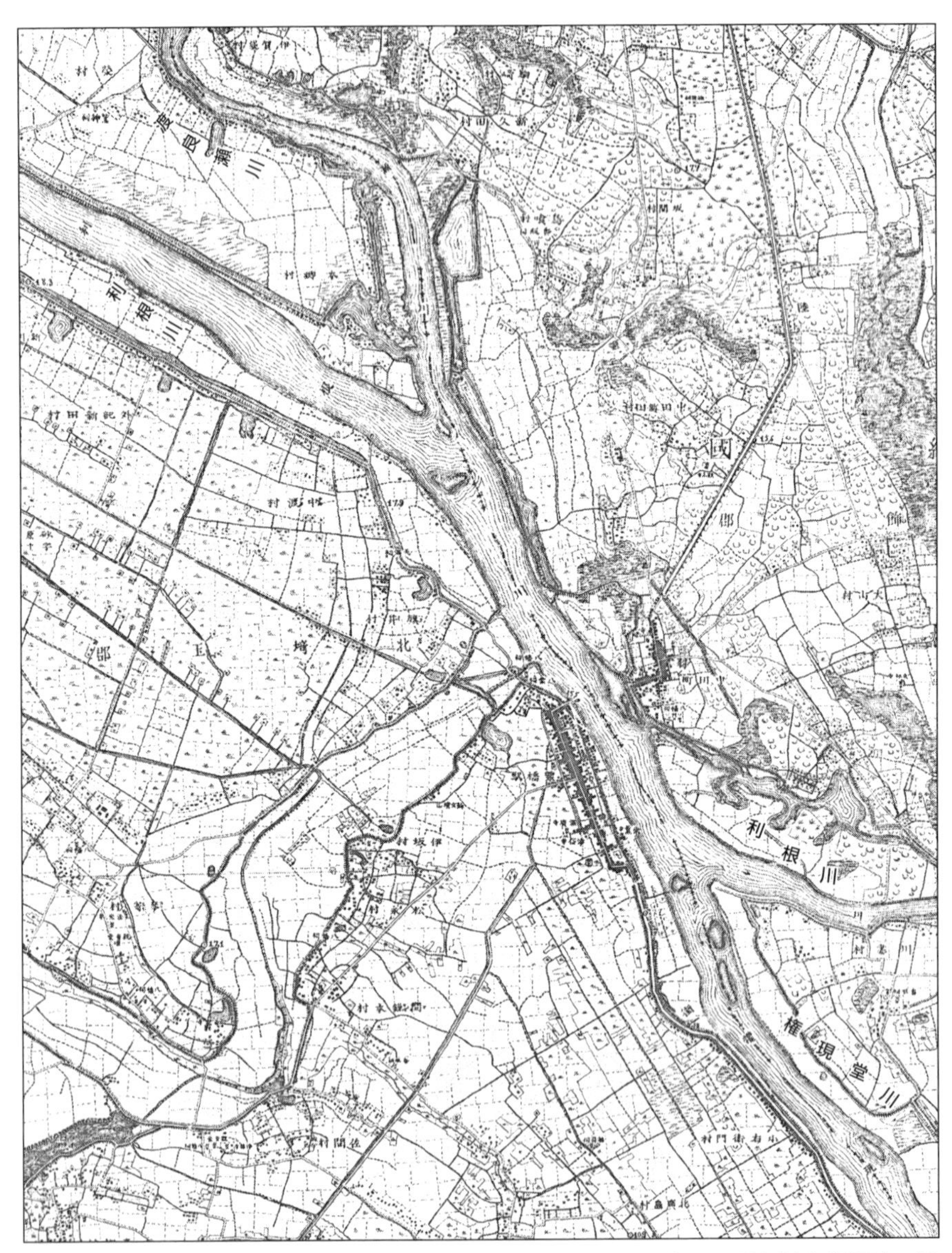

図 3-2 利根川と渡良瀬川の合流点の明治中ごろ前の状況(迅測測図)。利根川右岸堤防の堤内側に数個の小沼が見える。これらは、利根川が頻繁に決壊していたことを物語っている。

処理する。藤岡町から下流の迂曲する川は廃して、同町の台地の狭窄部（上下流の落差二・四米）を開削して河幅百六十四米の新川を通じて、渡良瀬川の洪水を赤麻沼を中心とする遊水地に流し込むこととする。

赤麻沼はこれを拡張し、遊水効果を大きくするために旧谷中輪中（堤塘）及び思川、巴波川の流末の低地部の旧堤を撤去し、遊水地域に編入する。遊水地の周囲には堅固な堤塘を設けて三千三百ヘクタールの遊水地とする。遊水地の最高水位（五・九四メートル）の時、約一億六千六百九拾五万八千九百立方メートルの洪水を収容する。渡良瀬川とその支川の水源は、利根川の水源と比較して近くにあるため、渡良瀬川の洪水時の最高水位は、利根川の水位が高くならないうちに、赤麻沼に注ぎ利根川に流れ去る。その後に利根川の水位が徐々に高くなって赤麻沼に逆流するようになる。このようにして自然の作用により利根川・渡良瀬川合流以後の利根川の流量を軽減する。したがって渡良瀬川・思川等の洪水の疎通を速やかにするとともに、赤麻沼を拡張して、自然の洪水調節作用を従来よりも飛躍的に高め、これによって利根川・渡良瀬川の合流量を毎秒五千五百七十立方メートル程度にとどめることがねらいである。

思川は右岸の穂積村付近の無堤部に新たに堤防を築き氾濫を防止し、その下流間々田町から下流は法線を定めて改修を加え、野木村高座口地先から新たに水路を開削する。巴波川にも部屋村から下流に新川を開削して直線で赤麻沼に導くこととする。古河町から利根川合流部に至る渡良瀬川は、迂曲屈折しているため、新たに河幅五百四十五メートルの新川を開削する。これは堤防決壊の防御のためだけではなく、遊水地の効果を一層有効なものにするところにある。

渡良瀬川及び思川の堤防は、上流部は馬踏五・五メートル、内外法を二割とし、高水位以上一・五メートルの高さを保ち、堤裏には適宜小段を設ける。藤岡から遊水地の周囲堤及び古河町から利根川合流点までの堤防は、馬踏七・三メートル、外法を三割、内法を二割とし、表裏に小段を設け、堤防の高さは高水位以上一・八メートルの高さを有するも

のとする。（大正十五年度・昭和元年度直轄工事年報　内務省土木局　昭和三年三月発行）

これらの足尾銅山の鉱毒問題を解決するために実施された治水工事の結果、第二次世界大戦後のカスリン台風に伴う大水害を受けて実施された河川改修工事などの成果ともあいまって、著しく蛇行乱流していた渡良瀬川、思川、巴波川などの河川の流路が整えられていった。そして、その流末に属する現在の栃木市、小山市、佐野市など渡良瀬遊水地の外縁にあたる地域の生産性の低かった湿田地帯の排水が促されて、生産性がより高い乾田化した優良な農耕地になり、その生産性がおおいに向上し、現在見られる肥沃な水田地帯になったことについても特筆されるべきものであると考える。

鉱毒問題と関東の治水

したがって足尾銅山の鉱毒問題を解決するために行われた渡良瀬遊水地の創設を伴う河川の改修事業は、一面では渡良瀬川流域においてほぼ同時期に実施されていた土地改良事業等の効果とあいまって同流域を総合的観点に立って再開発した当時としてはスケールの大きい土木事業であったともいえるものであった。

ところで昔、利根川と渡良瀬川の合流地点より上流の利根川には、その右岸側の深谷市と熊谷市にまたがる地域に利根川の洪水を意図的に氾濫遊水させ、その下流域の洪水被害を軽減あるいは防除するために設けられた、治水を目的とする空間（以下この空間を「深谷市の遊水空間」という）が存在した。深谷市血洗島などの「〇〇島」と呼ばれる多数の集落群が存在する空間で、そしてもちろん当時そこには、現在見られる利根川の右岸堤防は当然存在してはおらず、利根川の洪水に対しては無防備状態であった。

しかし利根川の氾濫遊水させた洪水を支えて、下流域すなわち埼玉平野の中核ともいえる穀倉地帯などを洪水被害からまもる目的で設けられた「中条堤」と呼ばれる堤防が、現在なお保存されている。中条堤の築造年代は定かではないが、かなり古い歴史を持った堤防であると私は考えているが、その理由についてはここでは述べない。

中条堤の重要性

中条堤は、利根川と福川の合流点の二・五キロメートルほど上流に位置し、利根川の流れに直角に、おおむね福川の旧流路の右岸に沿って約四キロメートルにわたって続く堤防である。この中条堤は近代に至るまで、利根川の治水計画上、関東平野の中央であり一大穀倉地帯であった埼玉平野を、当時江戸城直下で江戸湾に流入していた利根川の洪水からまもるための役割を果たしていた極めて重要な堤防であった。

つまり、中条堤がひとたび決壊すると、利根川の洪水は徳川幕府の財政基盤であった大穀倉地帯である昔の利根川などの氾濫原でもある埼玉平野に氾濫蹂躙し、江戸城下に殺到して大水害を引き起こすことになるわけである。

一方、この中条堤で支えられていたことから、利根川の洪水を氾濫遊水させる「深谷市の遊水空間」は、利根川の洪水が運んでくる土砂が堆積している肥沃な空間であった。そのためいつのころからか次第に人々が住み着いて、血洗島など多数の集落を形成し農耕地として利用していた。つまり、「深谷市の遊水空間」は利根川本川にあっては、渡良瀬川における渡良瀬遊水地のような、利根川の遊水地として機能していた治水上重要な空間だったのである。

このような理由から同空間は、河川に関する法令などが支配するところであり、その利用には厳しい掟があった。例えば同空間は、多数の村落が分布して多くの人々が住み着いて農耕地として利用されていたのにもかかわらず、利根川の遊水機能を阻害するような、現在見られるような利根川右岸堤防を築いてはいけないこと。および同空間に氾濫遊水した洪水を一時的に滞留させて、利根川本川に導き同空間から洪水を安全に排水するための機能を持つ中条堤を破壊してはいけないなどの、厳しい制限が設けられていたのであった。

この「深谷市の遊水空間」は、中条堤が損なわれると下流の利根川の水害を防御するための機能を損じてしまうことから、現在見られる利根川の右岸堤防などの施設を築造することを禁じられて洪水に対して無防備であったため、洪水のたびに水害に見舞われていたのである。

したがって、この中条堤を挟んで上流側と下流側それぞれの住民の間には、中条堤を破損したり増強することなど同堤の維持管理に関して利害関係がきびしく相対立し、しばしばその維持管理について争論があったことから「論所堤」も呼ばれていた。

利根川に現在みられる右岸堤が構築されて、「深谷市の遊水空間」が河川に関する法令などの支配から離脱して同空間において自由な営みができるようになることは、「深谷市の遊水空間」に土着した人々の悲願であった。

一九一〇（明治四三）年八月の利根川の大洪水をうけて実施されることとなった利根川の本格的改修工事は、下流の千葉県海上郡銚子町（現・銚子市）から群馬県佐波郡芝根村（現・玉村町）までの区間を第一期、第二期、第三期に分割してほぼ同時期に着手された。当該区間は利根川第三期改修事業に該当する。

熊谷市に設けられていた中条堤に支えられて利根川の洪水の遊水機能を有していた「深谷市の遊水空間」がその役割が終えたのは、渡良瀬遊水地と他の土地との境界をなす同遊水地の周囲堤の築造がはじまった年と同じ一九一〇（明治四三）年のことであった。「深谷市の遊水空間」は現在、利根川の右岸に築かれた堤防によって同川から切り離され、深谷ネギの産地として広く知られる優良な農耕地になっている。つまり中条堤に支えられて利根川の中にあった「深谷市の遊水空間」の機能が、新たに創設された渡良瀬遊水地に振り替わったように見えるのである。

六、利根川と渡良瀬遊水地

政財界に名を残した渋沢栄一

渋沢栄一（一八四〇〈天保一一〉年～一九三一〈昭和六〉年）は、埼玉平野を利根川の洪水被害を軽減するために深谷市に設けられていた空間、すなわち「深谷市の遊水空間」のなかに多数存在した村落の一つである武蔵国榛沢郡血洗島村（現在の埼玉県深谷市血洗島）で生まれた。

この血洗島をはじめ多数の集落を含む空間は、利根川の洪水の遊水地として機能していた。その一方で同空間には、利根川の洪水のたびに運ばれてくる土砂が堆積することから土地が肥沃であった。

そのため、いつのころからか人々が住み着いて農業などを営んでいる空間でもあった。このためこの「深谷市の遊水空間」は、当然ながら利根川の洪水の都度災害に見舞われる洪水災害の常襲地帯であった。それにもかかわらず、遊水機能を保つために現在見られる利根川の右岸堤防を築くことが禁じられていた。

このようなことから「深谷市の遊水空間」に住む人々は、利根川に右岸堤防が築かれて、この遊水空間が利根川の洪水の氾濫から守られ、農耕地などとして自由に活用できるようになることが、ここに住む人々の悲願であったのである。

このような条件下にある土地に生まれ、そこを故郷としていた渋沢栄一は、幕末から大正初期にかけて日本の武士（幕臣）や明治政府の官僚を経て実業家となり、第一国立銀行（民間経営）や東京証券取引所などといった多種多様な企業の設立・経営に関与し、我が国の経済の発展に偉大な足跡を残したことから、近代日本の資本主義の父と称されて政財界の実力者でもあった。

渋沢栄一と古河市兵衛

その彼は、次のようなことで足尾銅山の創業者である古河市兵衛（一八三二〈天保三〉年～一九〇三〈明治三六〉年）と親交があり、足尾銅山開発に対する良き理解者であって、かつ足尾銅山開発への共同出資者のひとりでもあったのである。

古河市兵衛は幕末、京都小野組の番頭であった。小野組は金融業なども営む現在の総合商社のような存在であったが、明治新政府の公金取り扱い業務の政策変更の結果、小野組は壊滅的な打撃を蒙り、市兵衛は挫折を味わうことになった。しかしこの際、政府からの引き上げ金の減額などを頼みに陸奥宗光に談判に行き、この縁で市兵衛は、後に宗光の次男を養子にもらうほどの関係を築いた。

また、小野組と取引があった渋沢栄一が経営していた第一国立銀行に対し、古河市兵衛は倒産した小野組の資産や資材を提供して同銀行の連鎖倒産を防ぎ、渋沢栄一という有力な協力者を得ることに成功した。

小野組破綻後、古河市兵衛は独立して事業を行うことにした。まず手始めに、秋田県にある当時官営であった有力鉱山、阿仁鉱山と院内鉱山の払い下げを政府に求めた。しかし、これは却下された。

続いて新潟県の草倉鉱山の入手を企て、渋沢栄一から融資の内諾を得たのであるが、これもやはり最初は政府の許可が得られなかった。しかし古河市兵衛は小野組時代からの縁があった元相馬中村藩主を名義人として立て、古河市兵衛が下請けとして鉱山の経営を行う条件で、政府から草倉鉱山の払い下げを受けることに成功した。一八七五（明治八）年のことであった。

草倉鉱山の経営は順調で、一八七七（明治一〇）年には古河市兵衛は鉱山業に専念する決意を固め、いよいよ足尾銅山を買収することになる。

同年、古河市兵衛は草倉鉱山と同じく、相馬家を買い取り名義人として立て足尾銅山を買収した。相馬家の家令であった志賀直道（志賀直哉の祖父）が古河市兵衛の共同経営者となり、その後、渋沢栄一も共同出資者として名を連ねた。

当時の足尾銅山は江戸時代を通じて無計画に採掘が行われた結果、旧坑ばかりの生産性が極めて低い状態にあり、長年採掘が続けられていたことなどから、銅鉱石は取り尽くされて再生の可能性は低いと判断されていた。そのため一時官営化されてはいたものの、古河市兵衛の経営権取得時には御雇外国人ゴットフリイの調査の結果、その生産性が低いものと判断され民間に払い下げられたのであった。

しかし、古河市兵衛は足尾銅山不振の真の原因は、旧態依然たる経営状態のなかで計画的探鉱や採掘が行われていないことにあると見抜き、足尾銅山の経営に乗り出したのであった。

このような事情から、古河市兵衛と渋沢栄一は足尾銅山開発などに関して親密な関係にあったのである。すなわち渋沢栄一は、利根川の遊水機能をもたされていた空間内の深谷市血洗島の出身である。血洗島を含む「深谷市の遊水空間」には、利根川の洪水から我が国の一大穀倉地帯である埼玉平野や江戸城下（東京）を守るために、重要な洪水の遊水機能を与えられていたことから、当時は利根川の右岸堤防は存在しなかったことは前に述べたところである。

しかし「深谷市の遊水空間」に住んでいる人々にとっては、同空間を洪水からまもるため利根川の右岸に新たに堤防を築造して、洪水被害に煩わされることなく自由な土地の利用、すなわち当該空間が農耕地などとしてより高度な利用が可能になることは、「深谷市の遊水空間」に住む人々の総意であり永年の宿願であったのである。つまり渋沢栄一は、利根川の右岸堤防が築かれて、同空間が利根川の洪水に制約されることなく利用できることを切望する人々を代表する人物であり、地元の人々から頼られる人でもあったのである。

「深谷市の遊水空間」

ところで一般には、利根川流域における「深谷市の遊水空間」と渡良瀬遊水地の治水機能との振り替わりはないと語られ、そう信じられてきた。しかし、この説に対しては、疑問を持つ人も少なくない。

例えば、現在の渡良瀬遊水地の規模は、利根川流域の治水計画上、渡良瀬川の治水計画上の洪水が利根川の治水計画上の洪水に影響を与えないものとして定められている。しかし、現実には渡良瀬遊水地の規模は、実際の渡良瀬川の洪水の規模を過大評価して設計されているのではないかと疑問を呈する人もいる。すなわち、渡良瀬遊水地は、利根川の計画上の洪水の一部を引き受けることを前提に設計されているのではないかということである。

また、利根川と渡良瀬川の合流点の堤防の形状についての疑問である。一般には平野部を流れる二つ以上の河川が合流する部分には、背割堤とか導流堤とか呼ばれる堤防が設けられるのが普通である。

この背割堤の役割は、合流する二つの河川の洪水時の水位差を調整して、合流する二つの河川の洪水の流れを整えるためのものである。つまり洪水時、合流する二つの河川に著しい水位差がある場合、そこに流れの乱れが生じ洪水から生命財産を護るための堤防に悪影響を与える恐れがある。そこで、この著しい水位差を調整して洪水の流れを整える役割をするのが背割堤である。

しかし、利根川と渡良瀬川の合流点にはそれが存在しないばかりか、渡良瀬川の洪水の流量が利根川のそれと比較して少ないときには、利根川の洪水が渡良瀬川に逆流を促すような堤防の形状を成しているように見えるのである。（図3—1・図3—2）

背割堤が存在する場合の例として、利根川と鬼怒川の合流点の直上流の利根川の左岸には利根川に合流する鬼怒川の洪水の水量を調節するための菅生調節地（遊水地）が存在する。それについては、渡良瀬遊水地の場合とよく似ている。しかし利根川と鬼怒川の合流点には両河川の洪水時の水位差を調節して合流する流れを整えるための背割堤が存在するのである。（図4—1・図4—2）

以上のことから渡良瀬遊水地の役割は、渡良瀬川の治水や鉱毒問題などを処理するとともに、利根川の洪水の一部を受け容れることを前提に計画されているのではないかということであったのである。しかし、渡良瀬遊水地が創設されるかされないかにかかわらず、すでに渡良瀬遊水地とその周辺の地域は渡良瀬川や利根川の遊水空間として機能していたのである。

つまり、創設される渡良瀬遊水地に渡良瀬川の洪水に加えて利根川本川の洪水を呼び込むことを前提とした治水計画では、足尾鉱毒問題に端を発して遊水地となることになると考えられていた谷中村が存在する栃木県民の渡良瀬遊水地創設に反発する感情

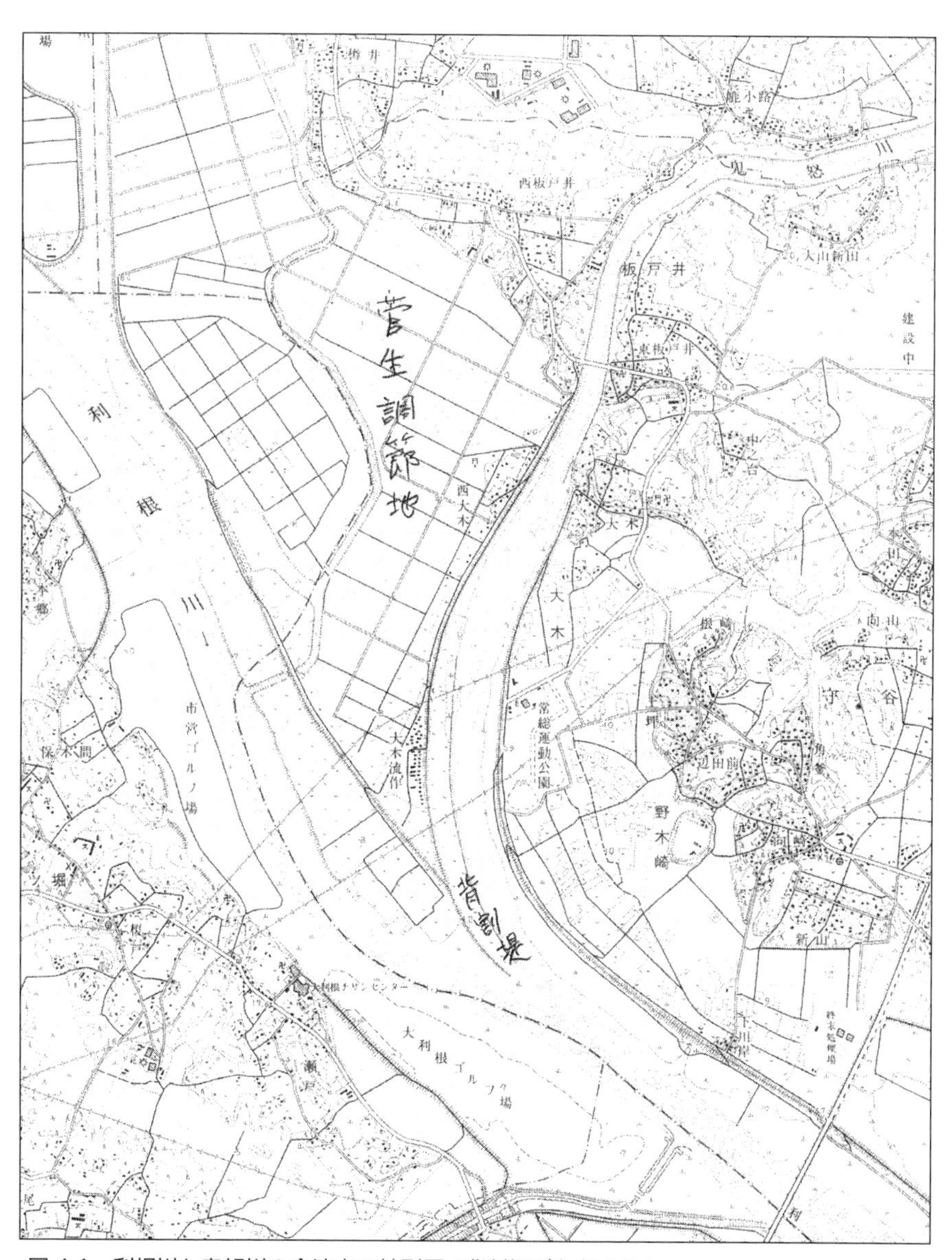

図 4-1　利根川と鬼怒川の合流点の地形図 (背割堤が存在する)

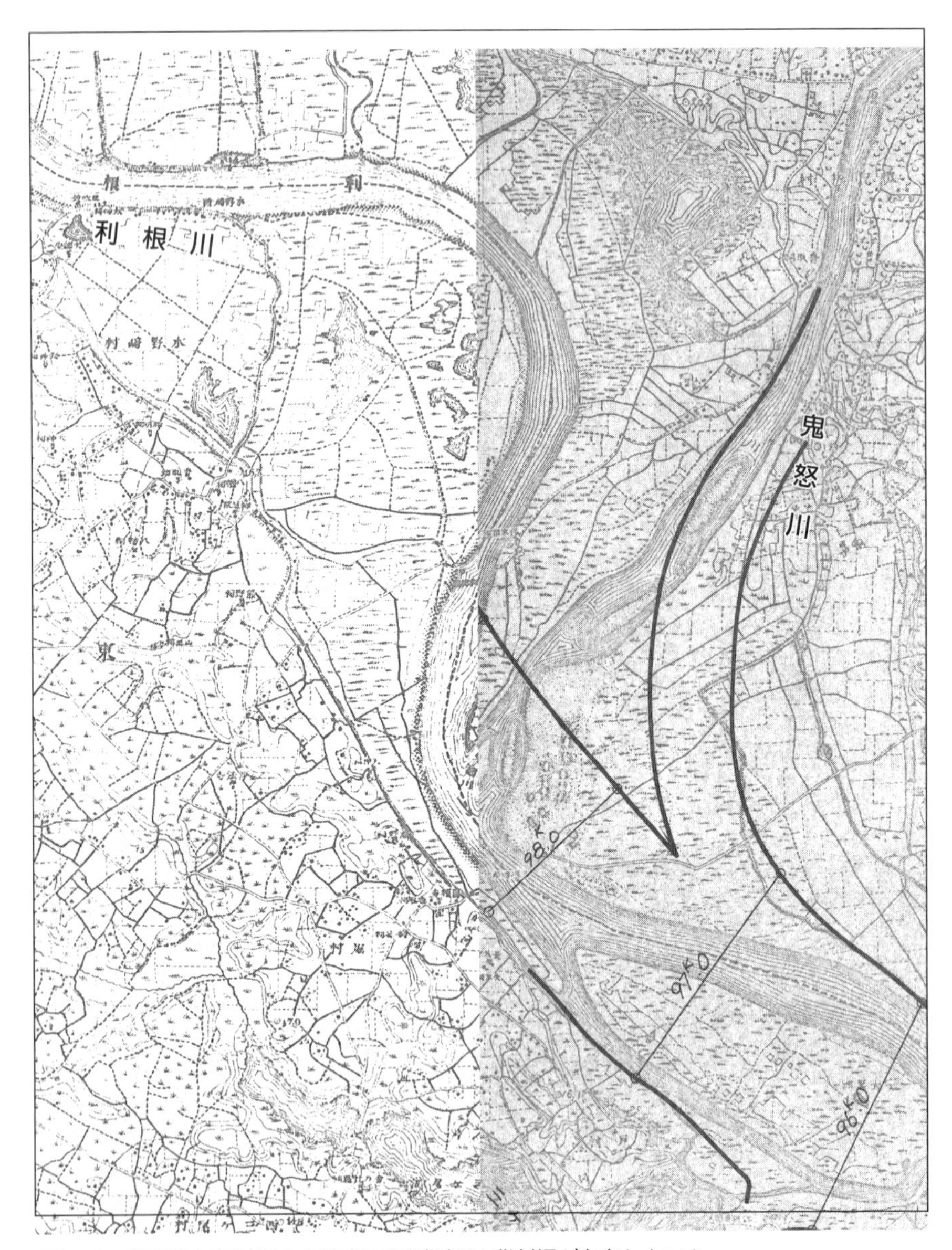

図 4-2　利根川と鬼怒川の合流点の迅測測図（背割堤が存在しない）

を抑えることが困難であった。このため、方便として同遊水地には利根川の洪水を呼び込まないものとしてとりまとめた机上の治水計画を示して、同県民の納得を得たものと考えられる。

七、土地の高度利用と遊水地の創設

日本の近代化と足尾銅山

我が国が明治維新を迎える前後、アジアは欧米列強による植民地化が進行していた。そこで我が国は欧米列強による我が国土の植民地化の意図を回避しながら、国を富ませるための方策を練ったのである。すなわち我が国は、産業革命の結果、おおいに進展しつつある欧米列強の先進技術を積極的に取り入れて、欧米列強に肩を並べて存立していくために、そして我が国の近代化を推し進めるため一次産業から二次産業すなわち工業化を推進し、鉱工業などの産業を盛んに興して国を富ませ、欧米列強に対抗しうる軍備を整えるための殖産興業富国強兵策をとったのである。

しかしながら、我が国土は狭小でかつ特定の産物、例えば絹糸や茶葉や銅などの限られた一次産品を除いて、外国に輸出して外貨を獲得するための資源に乏しいことから、国力の増強を図るために国土の「高度利用」を推進した。その手段として、治水利水を通じて国土の高度利用を図り、輸出農産物や銅などの鉱物資源等の開発により得た外貨で、欧米列強の先進的技術を駆使した重工業を導入して我が国の産業基盤を整えることとした。

しかし、当時の埼玉平野の水田地帯については、江戸時代としては大規模な水田開発がなされてはいたが、明治時代になってもなお同平野に分布する水田の大部分が生産性の低い湿田地帯であり、なおかつ開発の余地を残した湿地帯であった。収穫量が劣る湿田から、河川改修や用排水路の改良により水はけを促してより生産性の高い湿田の乾田化を図って米の増産増収を図るとともに、利根川や荒川の洪水に対して極めて脆弱であった首都東京の都市機能を保全する必要性があった。

ところで、明治政府が徳川幕府から引き継いだ利根川水系すなわち利根川本川や渡良瀬川などの治水施設は、現在の河川と比較して、洪水災害に対しては比較にならないほど貧弱かつ脆弱だった（図3―2）。それというのも江戸時代の河川工事は、舟運に重きを置いていたため、むしろ舟運のための低水路の維持に力がより多く注がれていたのである。

そのため各河川においては、明治維新後も中小の洪水に対しても河川の堤防の決壊氾濫が頻発し、農耕地などに大きな被害を及ぼしていたのである。毎年のように頻発する河川の氾濫が農作物の収量に深刻な影響を及ぼしていたのであるが、当時の人々はそれを甘んじて受け容れていた。

しかし時代の変化はそれが許されない方向に動いていたのである。すなわち、穀物の収量の不安定な状況は、これから大きく飛躍しようとする我が国の基礎体力をそぐ重大かつ危機的問題であったのである。我が国において明治初期から中期にかけて西洋式測量方法を用いて作成された簡易地図であり、初期の地形図ともいえる明治初期ころまでの関東平野の実状を記録している、つまり江戸時代の関東平野の土地の状況を記録していると考えられる「迅速測図」には、これらの状況が克明に描かれていることが読み取れる。

鉱毒問題の解決策

このような時代背景の中で足尾銅山が生産する銅は、外貨を獲得するための我が国の戦略上、極めて重要な役割を果たしていたといえるのである。したがって、足尾銅山がもたらしている鉱害が顕在化して重大な社会問題になっていたにもかかわらず、足尾銅山の操業を停止することは、我が国の国益を大きく損なうものであった。

そこで明治政府は、足尾銅山がもたらしていた利根川水系における治水利水上の問題を解決するために、もともと利根川や渡良瀬川の洪水が氾濫遊水していた渡良瀬川流域の生産性の著しく低い谷中村の遊水地化を図り、同じくその外縁に分布する生産性の低い湿田であった農耕地の乾田化を促すための渡良瀬川、思川、巴波川などの河川改修工事を実施して、外縁部に分布する生産性の低い湿田の水はけを改良し、湿田の乾田化を図り飛躍的増収を得ることと併せて、足尾鉱毒問題を一挙に解決するための構想を立て実行に移した。

すなわち一八九六（明治二九）年に制定された河川法に基づき、国土の高度利用を図るための本格的治水利水を目的とする利根川本川など利根川水系の河川改修工事に併せて、急遽渡良瀬川流域における足尾銅山がもたらしていた鉱毒問題を解決するための目的を追加して、その大部分を沼沢地が占め、残る土地も劣悪な農地しか存在しなかった谷中村とその周辺を、利根川水系の遊水地として機能させることを選択したのである。

さらに加えて言えば、渡良瀬遊水地の創設と言ってはいるが、その実は、従前は谷中村とその周辺を含む地域すなわち小山市や栃木市あるいは群馬県加須市北川辺町の広い範囲に氾濫遊水していた渡良瀬川や利根川の洪水を、同遊水地の外郭となる周囲堤を、より劣悪な土地条件下にある谷中村の周囲に構築して、洪水が氾濫遊水してもよい範囲を周囲堤の中に限定しただけのものに過ぎないともいえるのである。

肥沃で農耕地などとして高度利用が可能な「深谷市の遊水空間」に、利根川の洪水を意図的に氾濫遊水させ、その下流域の洪水被害を軽減する目的で設けられたところの遊水機能を廃して、その機能を沼沢地が大部分を占めて、もともと渡良瀬川水系や利根川本川の遊水空間として機能していたことから農耕地などとして利用するには極めて劣悪な条件下にあった谷中村とその周辺の空間のうち谷中村に限って、治水機能に特化して高度利用することを選択して、それぞれの土地の持つ機能を振り替えたのである考えられる。

すなわち、殖産興業・富国強兵を推進する明治政府にとっての土地の高度利用とは、その土地の持つ性状にしたがって高度に利用をすることであり、当時としては、それらの空間の持つ機能を振り替えて利用することは、合理的なものであったのである。

渡良瀬遊水地の多目的利用

治水目的で設けられた渡良瀬遊水地はその後、単なる遊水効果を狙った遊水地にとどまらず、遊水効果をさらに増進するための調節池化工事が施された。渡良瀬遊水地の調節地化とは、次の通りである。

遊水地内を囲繞堤（いにょうてい）とよばれる堤防で第一調節地から第三調節地まで三つの部屋に区切り、それぞれの囲繞堤の一部に越流堤と呼ぶ一段低い部分を設け、そこから渡良瀬川本川の洪水位が一定限度を超えて上昇したときに限って、調節池内の空間に洪水が流入することを許すことによって、同遊水地の遊水機能を増進させ、利根川下流域の洪水時の水位の上昇を制御するための工事を施した。

さらに第一調節地の遊水効果を損じることのないよう同調節地の一部を掘り下げて貯水池を設け、利根川などの水量が豊富な時期にポンプにより貯水池内に汲み入れ、利根川の渇水時に同貯水池に蓄えていた水を利根川に供給することによって、下流の上水道用水や工業用水等の利水の需要に応えるための、いわば平地に設けた利水ダムの機能を付加した。

これらの治水利水施設は現在、さらにさまざまなレジャーなどとして一般の人達によって広く利用され、国民の憩いの場としても機能しているのである。

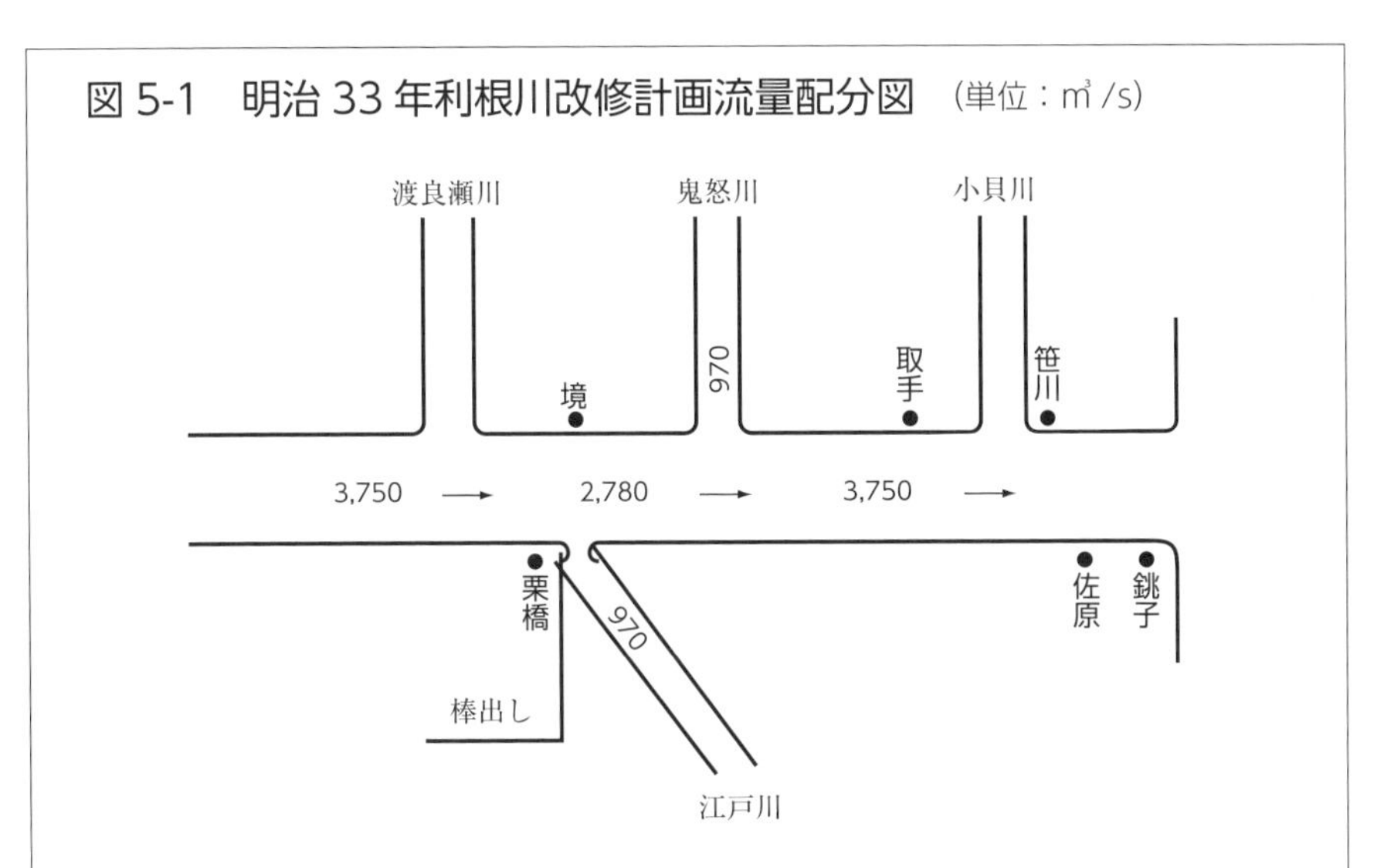

図 5-1　明治 33 年利根川改修計画流量配分図　(単位：㎥/s)

渡良瀬川の利根川への合流量は無。すなわち、同川の洪水は同川の流域に広く氾濫遊水していたため合流量は無となっている。

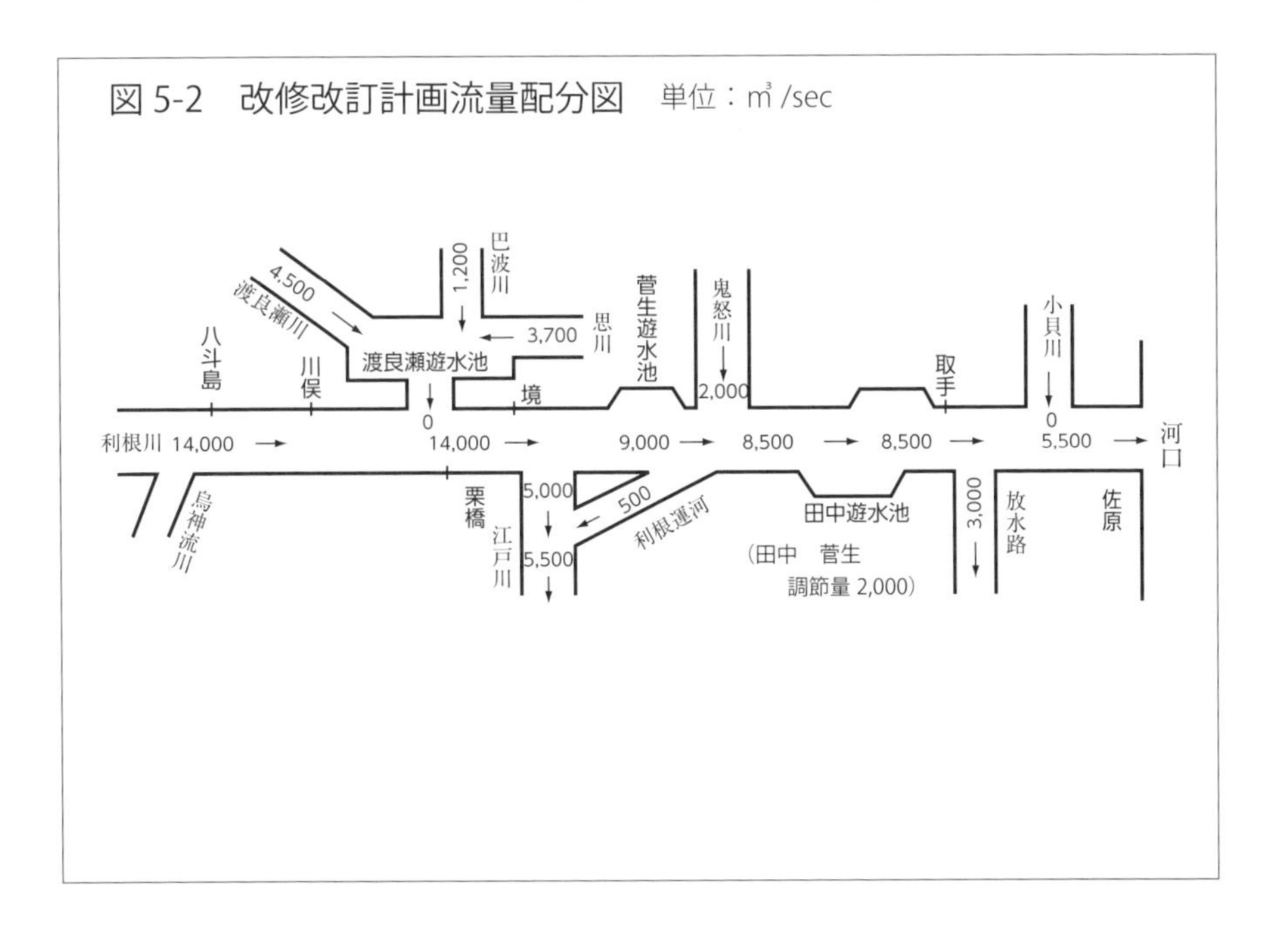

図 5-2　改修改訂計画流量配分図　単位：㎥/sec

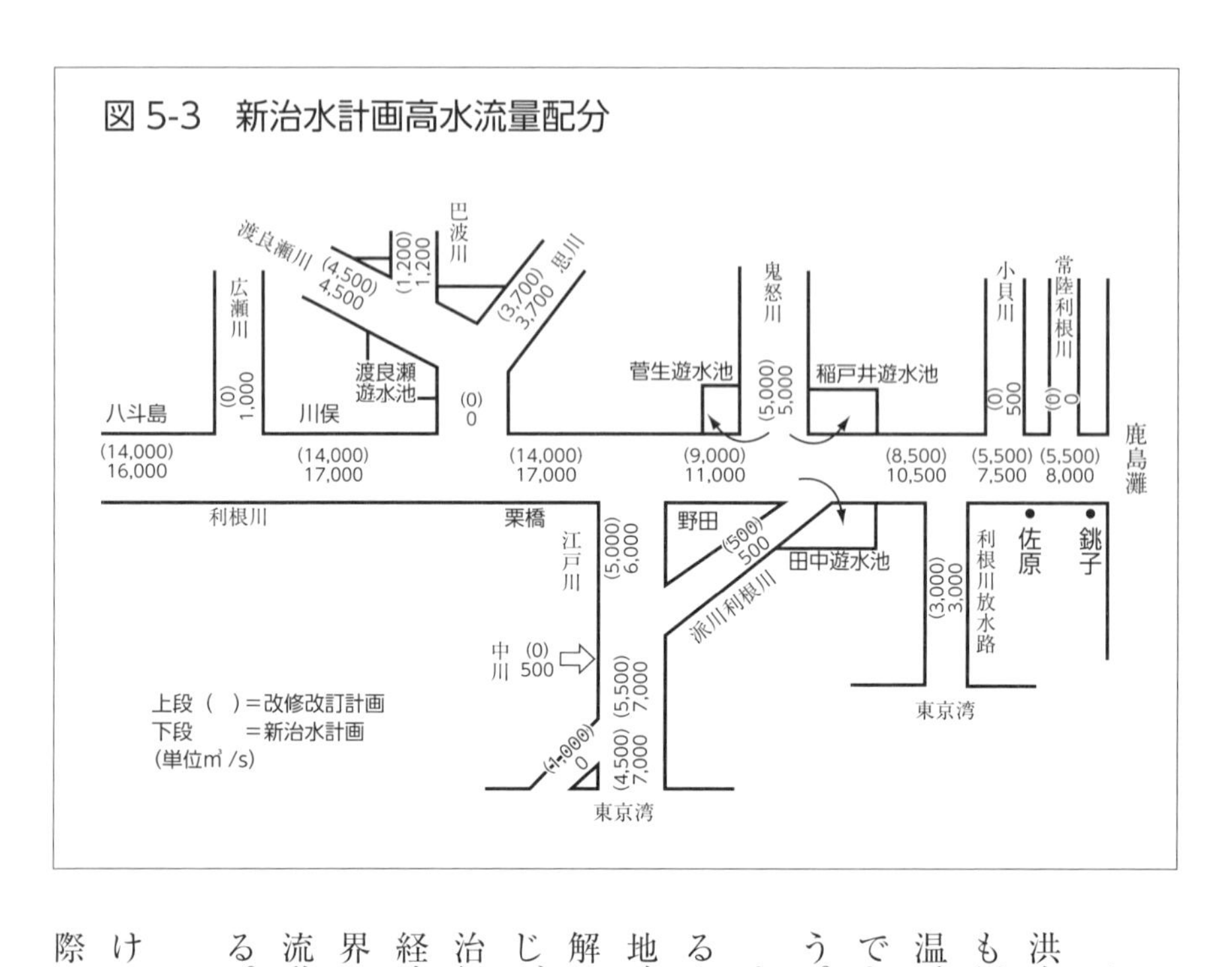

追記

近年、気象は世界的に見ても世界各地において大洪水や大干魃などが発生している。我が国にあっても例外ではない。これらの気象災害の原因は地球の温暖化にあると言われている。これについては理解できる。地球上の水の循環が活発化したためであろう。

また世界各地においては気象災害に歩調を合わせるがごとくに火山災害や地震災害も頻発している。地球温暖化と火山災害や地震災害との因果関係は理解できないが、利根川水系の治水対策にも危機を感じざるを得ない。しかし、これらの事象は世界の政治経済にも大きな影響を及ぼしている。戦争難民や経済難民、政治難民などが世界各地をさまよい、世界のグローバル化とあいまって現代世界はさらなる流動化をしている。まさに、世界は危機に瀕している。

二〇一五（平成二七）年九月九日から一一日にかけて関東地方や東北地方を襲った関東・東北豪雨の際の大出水では、関東地方においては利根川水系では鬼怒川の水系や渡良瀬川の支流である思川の水系の源流部に未曾有の豪雨をもたらし、その影響で思川にも大出水を見た。渡良瀬川や巴波川、思川の合流部にある渡良瀬遊水地はこの大出水を受け止め、その機能を発揮して利根川本川への洪水の影響を緩和した。この雨の降り方を見ると、豪雨は広い範囲に一様に降るのではなく、同じ流域の中でも場所によって大きな偏りがあると言うことが分かった。利根川水系の持つ治水機能は、当然のことではあるが地理的条件や社会的条件が許せば、大きければ大きいほどよいことも良く理解できた。

第二部　西沢金山の興亡

一、はじめに

日光は、地方都市でありながら古代以来、多くの文献にその足跡を記している。したがって、日光という地方の歴史を通して、我が国の歴史や世界の歴史を垣間みることができる。

ところで、一八四五（弘化二）年ころ発見開発され、徳川幕府によって閉山を余儀なくされて闇に閉ざされていた金山があった。それから約五〇年後、明治中頃から大正にかけての三〇年弱の間、日光山中である栗山村（現日光市）川俣の門森沢の源流付近に一三〇〇名の鉱山従事者を擁し、一時は佐渡金山を凌ぐ勢いで生産額を伸ばしていた「西沢金山」の再発見から閉山（近世末〜近代）までの日光を覗き窓とし、我が国の勃興期の近代下野の鉱山開発を通じて、内外の歴史の概観を試みた。

現在、二一世紀の初頭を生きる我が国の文化は、縄文晩期、水田稲作文化を受容してから二千数百年を経過して、現在、文明の大きな過渡期にあると言われているにもかかわらず、未来が見えにくい時代である。

一方、一八世紀、ヨーロッパに勃興した産業革命は、産業の発展と科学技術の進歩をもたらし、第二次世界大戦終結から七二年を経た現在、欧米日の植民地支配から抜け出したアジアの諸国が経済力をつけて勃興し、世界の潮流を動かす大きな力に成長しつつある。産業革命以来の科学技術の進歩と産業の発展の動きは、とどまるところを知らず、全地球を覆って現在に至っている。

西沢金山の開発は、これらの大きな時代のうねりの中では、さざ波にも比較することができないほど小さい出来事であったが、足尾銅山開発と相まって、下野の鉱山開発には大きな刺激となっているようにみえる。

二、明治に輝いた西沢金山

追憶の中に

二十数年前の秋のことであった。私は美しく紅葉をはじめた奥鬼怒林道をドライブしていた。

山王峠から川俣温泉に下る途中の西沢付近で、車を降りて周囲の山々を感慨深そうに眺めている人々に出会った。

その中で最も年輩の家族に伴われた老人が一人、他の山々とくらべて大きい違いがあるわけでもない、色づいた樹木の茂みの中で、絶え間ないせせらぎの音を奏でる渓谷に向かって対話するかのように立ち尽くしていた。渓谷に注ぐ彼の目は、老人の風貌には不釣り合いとも見えるほど若々しく輝いているのが印象的であった。

彼は若き日、この山の中で暮らしていたとのことである。一時は金鉱山に生活の糧を求めて、一三〇〇人を数える人々が、狭隘なこの渓谷の斜面に街をつくっていたと話していた。

彼は、確かにこの地に存在した金鉱山に働く人々の医師として、彼もまた鉱山会社に勤務していたのである。

彼は年老いた今、眩いばかりに輝いていた若き日の思い出につながる金鉱山跡を探し求め、彼の家族に支えられながらこの地を訪れて、追憶に耽っていたのである。

これは、華やかな時代の脚光を浴びて歴史の表舞台に登場し、一瞬、閃光のごとく煌めいて消えていった金鉱山、西沢金山の話である。

西沢金山とは

弘化年間（一八四四〜一八四八年）、日光の山中には幕府の禁を侵し、鉛を採掘すると偽って、密かに金を採掘する人々がいた。この鉱山は後に我が国にゴールドラッシュをもたらすことになる。

奇しくも一八四八（嘉永元）年、アメリカ合衆国のカリフォルニアで金鉱が発見され、人々が殺到するゴールドラッシュが沸きおこっていた。

写真１　西沢金山跡の西沢　金鉱石の採掘で荒廃し、現在は治山工事が施されている

そしてその頃、鎖国を続ける我が国の近海に、我が国の開国を求めてアメリカ・イギリス・フランス・ロシアなどの艦船が出没し、幕府はその対応に苦慮していた。

それから四十数年後の一八九三（明治二六）年、日光の山中である栃木県塩谷郡栗山村（現日光市）大字川俣の西沢において、金を大量に含んだ鉱脈の露頭が川俣村民により再発見され、明治後期から大正中期にかけて、鬼怒川の源流域においてはゴールドラッシュが出現し、時ならぬ賑わいを見せていた。

この金鉱山は、我が国の殖産興業策の波に乗り、世界有数の高品位の金などを含有する鉱脈があること、そして、ある時期、その産出額で我が国において一、二を競う大金山として我が国内はもとより世界に名を轟かせた。その金鉱山の名は、西沢金山である。（写真1）

一九一五（大正四）年頃、西沢金山には、最盛期には一三〇〇名の鉱山従事者が採鉱や金鉱石の採掘に従事し、その家族が移り住み、同鉱山が経営する病院、児童生徒数一一五名、教師四名（校長を含む）

の小学校を備えていた。こうして豊かで活気にあふれた街が、鬼怒川の支流である門森沢の上流、西沢の急峻狭隘な渓谷の急斜面に忽然と出現したのである。この金鉱山は、莫大な金地金や金鉱石を産出し、当時の我が国の産業の発展に大いに寄与したのである。

西沢金山は、鉱山が再発見されてから休鉱になるまでの三〇年弱存在し、やがて金鉱脈は枯渇し、その街から人々は去っていった。

それから数十年、風雪は鉱山施設群を荒廃・腐朽させ、樹木が覆い尽くし、昔日の繁栄を偲ぶものを見い出すことは困難なほど自然にたち還り、人々の記憶からも遠ざかってしまった。今では林道の路傍に立てられた小さい案内板が、辛うじて、ありし日ここに西沢金山が確かに存在したことを語りかけるかのように立っているだけであった。

西沢金山の位置

西沢金山の鉱区は、栃木県塩谷郡栗山村大字川俣字西沢、鬼怒川の支流である門森沢(かどもりざわ)の源流域にあたる西沢と湯沢にまたがった範囲に、その鉱区が存在した。

門森沢は、鬼怒川に架かる川俣ダムの湖の上流端付近の右岸に合流する。この沢が鬼怒川に合流する地点には、荒廃した源流域の西沢金山跡などで生産される土砂をコントロールするために設けられた、特異な形状をした門森沢砂防ダムが見える。この砂防ダムは、川俣ダム建設に先立って国の直轄砂防事業として建設された。

現在、日光光徳牧場と川俣温泉を結ぶ奥鬼怒林道、通称山王林道の山王峠を越えて川俣温泉に至る途中の西沢や西沢の支流の湯沢に架かる小さい橋があるが、西沢金山の主要な施設群は、これらの橋の付近、渓谷の傾斜面などに建てられていた。西沢金山の五鉱区のうちの四鉱区は西沢の渓谷内に、残る一鉱区は湯沢に分布していた。(表1)

表1　西沢金山鉱区一覧

鉱区名	番　号	面　積(坪)
	採登録第七号	495,204
	採登録第八号	433,721
	採登録第九号	991,331
	採登録第十号	487,696
	採登録第十一号	219,871
合　計		2,627,823

8,687,018㎡

しかし、このあたりの山肌は樹木にすっかり覆われて自然に立ち還り、注意していなくては気づかずに通り過ぎてしまいそうである。まさに時代の変遷を物語っている。しかし、一人現地に佇んでいると、渓流の瀬音が、昔日の賑わいになって渓谷にこだまして聞こえてくるかのようである。

晩秋、木の葉が落ちて見通しの良くなった樹林の中には、当時の工場や住宅・道路などの敷地を形成していた石垣を確かめることができていた。

苦労した交通・通信

当時の交通は、日光町から中宮祠菖蒲ヶ浜・戦場ヶ原三本松までの六里（約二四キロメートル）。現在、国道一二〇号。当時は栃木県から金精峠を越えて群馬県に通じる県道であった）を経て、西沢金山を開発するために開かれた三本松～山王峠～西沢金山（三里、約一二キロメートル）の道を利用して人々の通行や人馬による鉱石の搬出、資器材・食料の搬入が行われていた。三本松から光徳牧場を経由して山王峠に至る当時の道の一部は、現在もなお戦場ヶ原に認めることができる。

後に貨物輸送は、西沢金山～小松峯間にロープウエイが設けられ、小松峯～馬返間は荷馬車・荷車・駄馬を使用し、馬返～日光停車場間は日光電気軌道会社の電車により運搬された。一九一六（大正五）年頃の電車の普通貨物の運賃は、一貫（三・七五キログラム）当たり約五銭であったとのことである。

ロープウエイはその後、梵字（男体山と大真名子の鞍部の地名）を経て日光安良沢まで延長された。ちなみにロープウエイのターミナルとなった日光側の地点には現在、日光市民病院がある。（写真2）

また、中禅寺湖畔の菖蒲ヶ浜には「西沢金山賄所」と呼ばれる建物があって、西沢金山と町を往復する鉱山従事者や見学者のために、飲食や宿泊の便宜を図っていた。また、西沢金山にも屋号を「旭屋」と呼ぶ同様の建物があった。それぞれ共に、金山の保護を受けて経営していたとのことである。

ロープウエイや金山の機械設備をを動かすためのエネルギーは、電力を使用した。電力は、一九〇九（明治四二）年、四季を通じて安定している地獄川の

写真２　日光市民病院　日光市安良沢　西沢金山と日光を結ぶロープウエイの終着点

湧き水を利用して菖蒲ヶ浜に建設した発電所で発電した。この発電所の実用馬力は一二三馬力で、選鉱・製錬所その他の原動力・電灯などに使用した。地獄川の湧き水が豊富であったことから、一九一六（大正五）年、さらに七〇〇馬力余の電力を得るために第二発電所を建設し、第二発電所の稼動に伴って、第一発電所は廃止された。ちなみに、この発電所は、その跡地の東南二〇〇メートル、現在は水産庁の水産試験場入口の国道をはさんで向かい側にある東京電力の発電所の前身である。

西沢金山と外部との通信は、郵便によるほか、西沢金山と中宮祠の出張所間には私設電話を設け、中宮祠から外部へは公衆電話で同出張所が用件を取り次ぐ方法で行われた。電報も同様にして私設電話で取り次いだとのことである。

鉱山従事者の暮らし

同鉱業所は、鉱山の衛生状態を保つために数人の衛生夫を雇い、鉱山の清潔を保ったことから、当時、夏期に多く見られた伝染病の発生もここではほとんど見られず、鉱山の衛生は良好な状態が保たれていた。負傷者や疾病についてはもちろん、不時の災害に対してもその程度に応じて物資や手当を支給し、薬代を免除して、人々が安心して鉱山で働くことができるよう配慮していたということであるから、当時としては福利厚生の制度が進んでおり、鉱山従事者でなくても是非とも働いてみたい職場であったようである。

ちなみに、宇都宮の生命保険会社の社員は次のように語っている。

「西沢金山の鉱山従事者はいずれも皆裕福である。私は保険加入者を求めて各地で勧誘活動をしているが、同金山以上に良い成績を収めることのできるところは他にない」

生命保険会社の社員が優秀な成績を上げたと喜ぶほど生命保険に加入することができる鉱山従事者達の収入は、その生活空間が深山幽谷のなかで金銭の使い道がなかったとはいえ、進んだ福利厚生制度に加えて十分な可処分所得があったからであると理解できるのではないか。

西沢金山会社や富裕な鉱山従事者が、今市・日光など近隣から運ばれてくる資材や沢山の日用雑貨・衣料品などの商品を購入して、同金山は、足尾銅山の好景気と相まって、近隣地域の経済にも活気をもたらしていたのである。

三、西沢金山開発の端緒

発見の端緒

西沢金山は、高品位の金銀などの鉱物を含む鉱石を産出した鉱山で知られている。

その開発の歴史は意外に古い。西沢金山最盛期、同金山に関する多くの論文や著書が記された。大正五年、それらの論文や著書などを編纂して刊行された『西沢金山大観 全』によれば、その発見の経緯について、次のように述べている。

弘化年間（一八四四～一八四八）、鴻野傳右衛門という人物が高野山の役僧某の指示により、各地で探鉱を行った結果、下野国の日光の山の中の西沢に金鉱脈を発見し、人を使用して採掘していた。

ところが当時、同金鉱脈が存在した栗山村川俣の西沢は幕府が直接支配し、明治維新後に神仏分離令が実施されるまでは、日光山と総称される輪王寺・日光東照宮・二荒山神社（二社一寺）の所領に属し、特別に神聖な幕府の所領を意味する「神領（じんりょう）」と呼ばれていた。したがって、この「神領」で私人が金銀を採掘するなどという行為は、固く禁じられていたとのことである。

ちなみに、当時の日光山の所領「神領」は都賀郡（明治以後、上下に分離）、河内郡、塩谷郡に分布していた。徳川幕府は、その開祖である家康が実現を目指した理想郷を「神領」に実現しようとしていたのである。

「神領」においてはこのような制約があったため、鴻野傳右衛門は鉛を採掘すると偽って、彼の使用人に金の採掘を行わせていたとのことである。

しかし、このような違反行為はまもなく発覚して鴻野傳右衛門の使用人が捕らえられ獄に繋がれたまま死亡し、西沢金山は幕府に没収されて、廃山となり忘れ去られていた。このような言い伝えが地元の古老によって語られていたとのことである。

弘化年間、西沢金山が存在したこと示す有力な証拠として、一八四五（弘化二）年五月、西沢金山の繁盛を祈願して奉納された護摩札が、日光山四本龍寺金剛童子の旧会所から発見されているとのことである。この事実は、弘化二年より前から同鉱山が存在していたことを物語るのものであるとされている。

「神領」といわれる由縁

ここで日光山とその所領が「神領」と称され聖域であった理由について、本書のもう一つのテーマである「開発」にかかわることであることから、触れておくこととする。

日光山には徳川家康とその孫である家光の霊廟が存在する。家康の霊廟はいうまでもなく日光東照宮である。家光のそれは山内の最も奥まったところに位置する大猷院である。この二人は、徳川幕府にとって極めて偉大な功績を残している。（写真3）

家康は、戦国時代という乱世から抜け出して、安定した社会秩序を維持するための、徳川家を中心とする政治基盤を打ち立てたことから徳川幕府の開祖として尊崇されていた。また、家康は関東に入府すると直ちに、利根川・荒川・鬼怒川・渡良瀬川などの流域の開発を目的とする治水事業に積極的に取り

写真３　日光東照宮　徳川家康の墓所

組み始めた。これは家康が関東に入ったとき既に全国制覇を志し、それを実現するための財政基盤の構築に取りかかったことを意味するのである。

家康は、鷹狩りを好んで行った。そして、初冬が訪れるころ、毎年のように南西に富士山、北方に男体山を主峰とする日光連山を望む関東平野に鷹狩り出かけていたのである。実は家康は鷹狩りと称して関東一円を何日もかけて渡り歩き、関東平野の飛躍的食糧増産を図ることを目的とする開発計画を練るために、実地踏査を行っていたのである。

徳川家の財政基盤構築の営みは、徳川幕府の財政基盤の構築へと受け継がれ、秀忠・家光と三代をかけて完成するのである。したがって家康は、徳川幕府初期の政治及び財政基盤構築のためのグランドデザインをも書き上げていたといえる。

第三代将軍家光は、祖父家康が書き上げた徳川幕府初期の財政基盤構築のためのグランドデザインに従い、父秀忠のバックアップのもと、関東各地において巨大な開発事業を展開して、それを完成させたのである。

一六一五（慶長二〇）年五月、大阪夏の陣において徳川家は、豊臣政権の残滓の一掃を果たして、名実ともに天下を掌握した。そして、徳川家の下に安定した社会が築かれることを願って同年七月、年号を「元和」と改めた。家康没後の一六二三（元和九）年七月二九日、家光は、大御所として退いた第二代征夷大将軍秀忠の跡を襲い第三代征夷大将軍に就任した。

このころになると、徳川幕府の政治的基盤はゆるぎなく安定したものとなり、徳川家が乱世に備えて蓄えてきた軍用金は、退蔵されたまま膨大な額になっていた。

ちなみに、幕府は、一六三二（寛永九）年一一月から同一三年正月にかけて、駿河の久能山に収蔵していた家康の遺金の残余一〇〇万両を江戸に移している。家康は元来思慮深く、大御所として駿府に引退してからも不測の事態に備えて蓄財に心掛け、遺金が二〇〇万両あった。家康の没後、二代将軍秀忠はこれを尾張・紀州・水戸の三家に分配する意向であったが、分配役であった本田正純が、約七五万両だけを三家に分配して、残余を久能山に収蔵していた。一六二一（元和七）年、さらに残金の内二五万両を三家に分け、残余の一〇〇万両は久能山の宝庫の奥深くに保管していたとのことである。

この一〇〇万両の江戸城への移しかえの理由は、後に述べる関東地方の大開発事業の資金などに振り充てるためであったものと思われる。

関東一円の開発

徳川幕府は、幕府により実現された安定した社会の恩恵があまねく人々に行き渡り、それが永遠に続くことを願って一六二四（元和一〇）年二月三〇日をもって、同年を「寛永元年」と年号を改め、その社会の実現を目指して具体的な行動を起こしたのである。その具体的行動とは、幕府が蓄えてきた退蔵軍用金を投じて、家康が書き上げた徳川家財政基盤構築のためのグランドデザインである関東一円の開発事業を寛永の時代に完成させることであった。

改元の布告に先立つ元和一〇年（寛永元年）一月二一日、幕府は、日光山御宮造営の惣奉行に任命した松平右衛門大夫正綱と秋元但馬守泰朝に対して、「老臣連署の令」と称する寛永の日光東照宮の大造替を含む一連の法度（後に「日光山造営法度一〜三」と名付けられる）を下した。この老臣連署の令は、日光山造営法度という後に与えられた名称から、日光山と総称さた現在の東照宮・輪王寺・二荒山神社の建造物の大改築のみを目的とするものと理解されているようだが、その目的は日光山の大造替にとどまるものではなかった。

「老臣連署の令」とは、徳川秀忠を頂点とした前政権の幕閣達が、まだ二〇歳の若い家光を頂点とする次期政権の松平正綱等幕閣達、すなわち社会の機微を知り尽くした前政権の幕閣達から見ればまだまだ未熟な次期政権の幕閣達に書きおくった指令書でもあり指南書でもあったと考えられる。

家康は、関東地方を領有するに当たって、そこを全国制覇の足掛かりにすることだけにとどまらず、徳川幕府の基盤である関東一円の人民に、全国一の豊かさをもたらすという遠大な事業を達成することを目標にしたものと考えられる。家康が打ち立てた崇高かつ遠大な目標の実現は、秀忠に引き継がれたが、秀忠が家光に政権を委ねる段階ではまだ途上であった。秀忠は家光に政権を譲るに際して、家康が構想した崇高な理念に基づく社会の実現には、秀忠一代で達成することは不可能であり、秀忠達がやり残した家康が構想した社会を実現するための事業はきわめて遠大であった。

そこで「老臣連署の令」は、秀忠が家康から引き継いでやり残した事業を、家光に確実に引き継ぐための引継書という性格のものでもあったのである。

家康や秀忠の時代は、「武」すなわち血なまぐさい武力闘争に明け暮れた乱世の時代であった。その乱世を生き抜いた彼等によって全国制覇と社会の安定がもたらされたのである。しかし、家光の時代になると世の中はすでに、「武」によって支配される時代ではなく、平和裡に「文」によって支配統治されなければならない時代に移行しつつあったのである。「文」の意味を辞書に見るとその一つに、「武」に対して学問・学芸・文学・芸術などとある。すなわち「文」を実現して社会を安定的に発展させるための重要な要素の一つには、経済の力を借りる必要があった。徳川幕府の開祖であり且つ祖父である家康を尊崇してやまない家光は、家康が打ち立てた家康の関東一円の経営の理念を実現するための行動をおこした。幕府の膝元である関東一円の経済を活性化して全国の模範となるような豊かな地方とするためには、未だ開発の余地を大きく残していた利根川や鬼怒川など大河川の大規模な流域変更や瀬替えなどを伴った、それら河川の流域の大規模な水田開発、そして江戸城の整備拡充と江戸城下の都市基盤の構築など巨大な土木事業、現代風に表現すればインフラの構築を実行する必要があったのであり、幕府はその実現に心血を注いだのである。当時、領内の水田から収穫できる米の多寡は、国力の評価に直接結びついていたのである。

幕府におけるこれらの営みは、関東一円の経済の活性化を促し、ひいては江戸における文化がおおいに発展し、年代を経て元禄時代には豪華絢爛たる元禄文化として開花結実させるための礎となったのであった。

すなわち、老臣達が松平正綱等に下した老臣連署の令は、徳川幕府がその根拠地とする関東一円の民生をも含んだ経済基盤の確立を目的とする総合開発計画の実行を命じる指令書でもあったのである。この指令は松平正綱等によってただちに実行に移された。

この徳川実記に見る老臣連署の令には日光山造営に関するもののほか具体的記述は見られないが、家光の時代である寛永年間に実施された巨大土木事業などを見ていくことによって、その老臣連署の令、ひいては幕府が意図していた事業の全貌を窺い知ることができる。

それらの事業を列挙する。

①日光東照宮の大造替とその参道にあたる日光街道の整備拡充
②埼玉平野開発を目的とする利根川東遷を伴う利根川・荒川の分離などの治水事業
③鬼怒川下流域の開発を目的とする鬼怒川・小貝川の分離と鬼怒川の西遷
④江戸近郊の水田地帯の新たな開発を目的とする巨大なため池・見沼溜井の開発
⑤江戸と北関東間の舟運を開くための江戸川の創設
⑥江戸城大造替とそれに付随する江戸市街地の開発

などがあげられる。

次にこれら各開発事業について、その概略を述べよう。

日光東照宮大造替

徳川幕府の開祖である家康の眠る日光山の東照宮は、建立された当初は家康の遺言にしたがって比較的質素な造りであって、はじめは東照社と呼ばれていた。ちなみに、当時の東照社をしのぶ建物として、群馬県尾島町にある世良田東照宮があげられる。同東照宮は、日光東照宮大造替に伴い、その建物の一部を移築したもので東照宮建立当初の姿を残していると伝えられている。

秀忠や家光にとっては、全国を平定し徳川幕府の礎を築いた神祖・家康の廟を家康の事績にふさわしい装いに改めることが、重要な課題であると考えたのである。同廟の造替に関する計画は、すでに一六二二（元和八）年四月に完成を見た奥院寶塔を木造から石造に改築した時点で具体化しつつあったものと考えられる。

第二代将軍秀忠は家康にならって、一六二三（元和九）年七月二七日、自ら将軍職を退いて家光に譲り、自身は大御所として家光政権をバックアップする体制を整えた。秀忠は、彼の幕閣達を通じて家康が描いた徳川幕府がその根拠地とする関東一円の経済基盤の確立を目的とする総合開発計画に、日光東照宮の大造替計画を付け加えて実現することを、若き将軍家光と彼の幕閣達に託したのである。

そこで家光が将軍に就任した翌年の寛永元年を期して、老臣連署の令すなわち日光山造営法度を下して、関東地方の大再開発計画に加えて、日光山の大造替計画を明らかにしたわけである。一六二五（寛永二）年七月二五日の徳川実紀には、「（松平）正綱日光駅路に今年杉を植えしとぞ」との記述があるところから、日光東照宮などの大造替にさきだち、日

写真４　日光街道杉並木

光街道のルートの決定と宿駅の整備が、既に同年以前に行われていたと考えられる。（写真4）
ちなみに、東照宮奥院の寶塔改築に使用した建築材料は、一六二一（元和七）年、奥平美作守忠昌・本多大隅守忠純・日根野織部正吉明・那須與市資重・芦野民部少輔資泰・伊王野豊後守資友・大田原出雲守増清等十数名が運搬を命じられていることから、日光街道の原形は、遅くともその建築材輸送を開始する段階で既に整えられていたと考えて差し支えないものと思われる。
また、日光山造営法度では、日光東照宮などの建造物の大改築に関する具体的な職人などの動員計画などについてもふれている。

利根川東遷

利根川は、従前は埼玉県羽生市のあたりから南に流れ、元荒川筋を流れていた荒川を合わせ、隅田川筋を流れ江戸城直下で江戸湾に注いでいた。隅田川という地名は、利根川の古い地名の一つで、明治時代に測量された地形図（迅速測図）には、埼玉平野のなかに大きく蛇行して流れる川跡の地名として、往時の名残をとどめている。

幕府は、この利根川に大きく手を加えたのである。それまで埼玉県羽生市のあたりから南に流れて江戸湾に注いでいた利根川を東に振り向けて付け替え銚子で太平洋に注ぐ営みを、家康が関東を領有した直後の一五九四（文禄三）年からはじめた。この営みを利根川東遷事業という。利根川東遷事業は家光の初期の時代が最盛期であったといえる。

荒川は、その名の示すとおりの暴れ川で、当時、秩父山中に源を発し、寄居町付近を扇頂にして深谷市、熊谷市などに大きい扇状地を展開して平地の流れへと姿を変える河川であった。当時、荒川は、熊谷市久下から東に流れて元荒川筋あるいは綾瀬川筋を流れて、江戸湾に注いでいた利根川に合流していた。

この荒川を熊谷市久下から西に付け替えて現在の流路として利根川から分離し、熊谷市から戸田市の間に展開する広大な空間に暴れ川・荒川の洪水を注いで遊水させ、武蔵（埼玉）平野の穀倉地帯を荒川の洪水から守って安定した開発を可能にした。

利根川については、羽生市の直上流に位置する埼玉県大里郡南河原村酒巻を右岸とし、群馬県邑楽郡千代田村瀬戸井を左岸とする狭窄部を利根川本流に設けて、流れ下る洪水の量を制限し、狭窄部より上流部をその下流部の洪水被害を軽減するための遊水地としていた（もしかするとこの狭窄部は、この時代より前に存在していた可能性はある）。さらに栗橋町と茨城県境町の間に存在する関東ローム台地を掘り割って、当時は独立した水系をなしていた鬼怒川水系の一支川で細流であったと思われる常陸川に、利根川の洪水を注ぎ込む量を増やす試みをはじめた。

ちなみにこの関東ローム層からなる洪積台地を掘り割った利根川の部分は、掘り揚げた土が赤色を呈していたところから「赤堀川」と呼ばれている。この赤堀川は、その後数度にわたり拡幅工事が実施されて現在に至っている。

江戸川の創設

また、幕府は利根川東遷に伴って行った関東平野の再開発事業の結果、北関東で生産される農産物や材木などの大量の物資を大消費地となりつつある江戸に輸送するための舟運を開くために、その幹線水路ともいえる現在の利根川の派川となる江戸川を開削した。

幕府は、利根川の洪水から埼玉平野や江戸城下を守るため、それまで江戸湾に注いでいた利根川を、利根川から独立した流域を形成していた鬼怒川の流域に接続し、銚子を経て太平洋に注ぐ川筋に変更することとした。

この結果、それまで江戸城直下で江戸湾に注いでいた利根川や渡良瀬川を利用していた北関東と江戸を結ぶ舟運の便に替わる手段が必要になったのである。そこで幕府は、関東地方北部と江戸との間の流通を図るために新たに運河を開く必要が生じた。この運河が江戸川なのである。

この江戸川は、赤堀川に本格的通水が可能になるまでの間、暫定的に利根川として機能していた。

この利根川の瀬替えに伴う一連の巨大な河川工事は、幕府の穀倉地帯である埼玉平野の開発を図り、江戸城下を利根川及び荒川の洪水から守るためであった。

鬼怒川と小貝川の分離

近世初期より前、鬼怒川は、茨城県つくばみらい市小絹と同市寺畑の間を滝のように流れ落ちて東に流れ、小貝川を合わせた後、竜ヶ崎市を経て同県稲敷郡河内村金江津方面に流れ、利根川水系からは独立した水系を成していた。

この鬼怒川を、同県守谷市板戸井地先の大木丘陵と呼ばれている丘陵地帯を掘り割って南に流し、小

図 1　1629 年以前の利根川などの流路略図

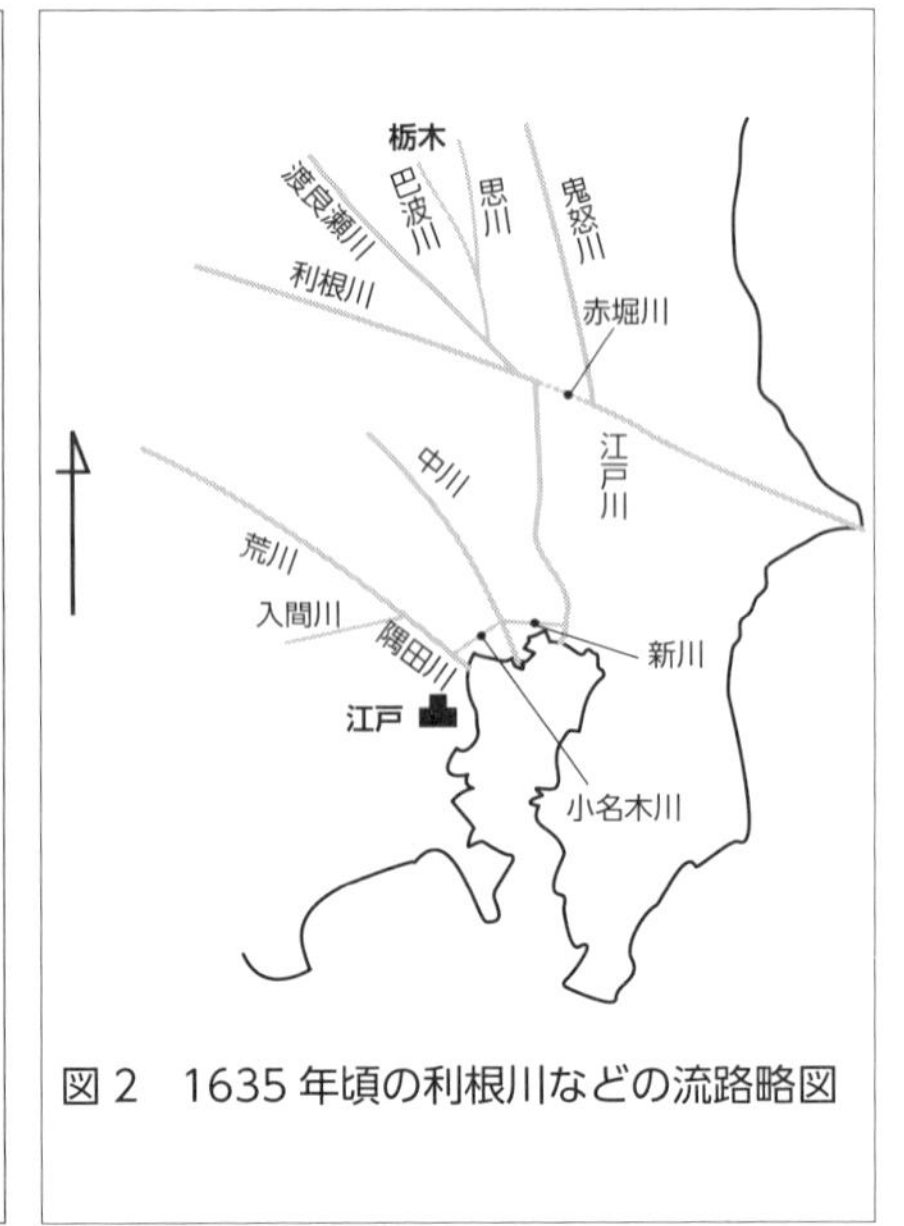

図 2　1635 年頃の利根川などの流路略図

図 3　現在の利根川などの流路略図

貝川から分離し、茨城県取手市・常総市・坂東市などと千葉県我孫子市・柏市・野田市などの洪積台地に挟まれて、谷間の形状をしている藺沼（いぬま）や常陸川と呼ばれていた沼沢地帯に注いで洪水を遊水させた。

この鬼怒川の瀬替えの目的は、市町村合併前の茨城県結城郡石下町・水海道市・谷和原村・伊奈町・藤代町・竜ヶ崎市・河内村・新利根村・東村などの、従前の鬼怒川の氾濫原の開発にあったのである。

見沼溜井の開発

見沼溜井（ため池）は、さいたま市の北方に位置し、水面の面積は一二〇〇町歩（約一二〇〇ヘクタール）、荒川の沿岸の見沼水下七万四〇〇〇石と称された水田地帯約五〇〇〇町歩（約五〇〇〇ヘクタール）を潅漑していた。溜池築造には、芝川に長さ八丁（約八〇〇メートル）のアースダムを築き、その水面は延長五里（約二〇キロメートル）、幅の広いところは二十数丁（約二千数百メートル）、周囲十数里の二股の巨大な溜池であったといわれる。

この溜池は、後の第八代将軍吉宗（一七一六～一七四五年）の時代に利根川に取水口を持つ我が国屈指の大用水路見沼代用水の開発に伴って干拓され水田地帯として再開発された。現在、自然の生態系が良好な状態で保存されていることで知られている「見沼田圃」が、干拓されたこの溜池の跡地である。

この溜池の築造の目的は、まさに将軍家の台所に直結する江戸近郊の水田地帯の開発にあったのである。

江戸城と都市開発

徳川幕府は中世、太田道潅によって築造された江戸城に大きく手を加え、慶長・元和と江戸城の造替を行ってきたが、これらの江戸城造替を締めくくる大造替を、寛永年間（一六二四～一六四四）に実施した。

江戸城の大造替や同城をめぐる外堀の造成などの大造替を実施し、併せて江戸城下の川跡や海岸を埋め立てて、江戸の都市基盤の開発を行ったのである。現在の東京は、当時の都市基盤の上に成り立っているといって過言ではない。

寛永年間までの、幕府の関東地方における大規模プロジェクトを見習って、諸大名が、全国各地のそれぞれの領内においてインフラの整備事業を競って実施した。すなわち寛永年間という時代は、我が国の景観を一新するような大土木事業が、関東地方は勿論、全国各地で展開されていたのである。

寛永時代、幕府は、幕藩体制を支える確固たる社会基盤を構築することに成功したともいえる。当時建設され三百数十年を経過した今日、なお我々の生活を支えるインフラは、枚挙にいとまがないと言って過言ではない。

近世初頭、これらの偉大な事績を遺した家康と家光の存在は極めて偉大であり、二人は人々の崇敬の対象として存在した。後に徳川幕府は、家康と家光の御霊を奉る日光山の所領を特別に「神領」と呼んで聖域としたのである。

この聖域で、鉛を採掘すると偽って金を貪る行為が行われたのであるから、幕府にとっては許しがたい行為であったと言わざるを得なかったのである。

四、欧米列強と日本

列強の植民地争奪戦

幕末、我が国が鎖国の深い眠りから目覚めたとき、我が国の周辺地域では、熾烈な植民地獲得合戦が列強によって展開されていた。列強によるこのような植民地獲得合戦は、我が国の周辺のみならず、広くアジア・アフリカ地域で行われつつあったのである。

一八世紀中頃、イギリスに始まった産業革命は、物の生産・販売・消費、そして原料の調達に大きな変革をもたらし、ヨーロッパ大陸・北米大陸へと伝播し、大量生産に伴う余剰生産物は、広く世界にその販路を求めるようになっていた。

産業革命に成功した国々では、人々の生活水準が著しく向上し、明かりを灯すための油の需要が増大していた。一九世紀中頃、明かりを灯すための鯨油を獲得するために世界の海に鯨を求めて出漁する各国の捕鯨船にとって、本国から遠く隔たってはいたが、日本近海は絶好の漁場であったと言われている。

　このような事情から各国の捕鯨船は、水・薪炭・食料の補給基地などとして我が国を利用するために国交を迫っていたといわれている。

　また産業革命に成功したヨーロッパ諸国では、蒸気機関などの発明があいつぎ、発明される機械器具は、さまざまな特性を有する複数の金属で構成されるようになっていた。すなわち産業革命後生産される多くの機械器具類は、鉄・銅・錫・鉛・亜鉛などの材質からなる部品を組み合わせて構成され、より複雑な機械が生産されるようになり、さまざまな材質の需要が生じていたのである。これらの金属は複数の種類が溶融されて合金となり、さらに新しい素材として機械器具の原材料や冶具として用いられるようになっていた。

　産業革命に促されて著しい発達をはじめた科学技術は、産業分野における金属資源の需要をも生みだし、イギリス・フランスなどの先進国は、排他独占的に資源を支配できる地域、すなわち植民地を海外に求めていたのである。

鎖国政策を脅かす列強

弘化年間（一八四四〜一八四八）の日光山中の金山開発は、当時鎖国を継続中の我が国内においても、極めて流動的になっている世界の動きを反映した動きであったのである。

　ちなみに、ドイツ生まれのシーボルトは、長崎のオランダ商館医として一八二三（文政六）年に来日し、長崎に私塾を開き日本の医学の発展に貢献したとされている。

　しかし、一八二八（文政一一）年八月、シーボルトは、帰国のため出帆したが暴風雨に遭遇し、長崎に引き返したところ、幕吏の臨検で、我が国では禁制品になっていた地図などの持ち出しが発覚した。幕府は、シーボルトを出島に幽閉し、シーボルトの弟子達の高橋景保・土方玄碩・吉雄忠次郎ら三八名が連座して投獄されるというシーボルト事件が発生した。

　マルコ・ポーロの東方見聞録で黄金の国ジパングとして世界に知られていた我が国の地図を伴った鉱

物資源などの情報は、当時のヨーロッパにおいては極めて価値の高いものであったのである。彼は国外追放になったが、その後、再来日して幕府の外交顧問になり、著書『日本』を著し、彼の観察に基づき記された同書は現在なお、当時の日本を知る最高の研究書との評価が与えられているとのことである。

すなわち、これらの事実は、我が国の鎖国政策が、弘化年間にはすでに、我が国内部からほころびを生じていた証であると言えるのかも知れない。

このような世界の流れのなか、鎖国体制を維持していた我が国は、アメリカ合衆国やアジア・アフリカ地域における植民地拡大にしのぎを削るイギリス・フランス、そして寒冷地から生産性豊かな温帯地方への南下策をとる帝政ロシアの軍艦の来訪による刺激などに促されて、開国そして明治維新は達成されたのである。言葉を換えれば、世界を覆いつつある産業革命が、鎖国を堅持しようとする我が国の鎖国の扉を押し開いたとも言えるのである。

我が国の開国後も、列強によるアジア・アフリカ地域における分割統治・植民地化は激化をたどる一方であった。

例えば一八八三（明治一六）年、フランスがベトナムを保護国にしたり仏領ソマリランドを植民地化し、一八八四（明治一七）年、清・フランス戦争開始、イギリスが英領ソマリランドに保護権を獲得、ドイツが独領西南アフリカ・東アフリカの植民地を領有、ベルギーがコンゴ協会領を成立させる。一八八五（明治一八）年、清フランス戦争が終結しフランスが安南とトンキンに保護権を獲得、ドイツがマーシャル群島を領有、イギリス・ドイツがニューギニア東部を南北に分割。一八八六（明治一九）年、イギリスがビルマを併合。一八八七（明治二〇）年、フランス領インドシナ連邦成立など。

まさに植民地獲得オリンピックとでも言いたくなるような、列強による権謀術数を弄する激しい植民地獲得合戦がアジア・アフリカ地域で展開されていた。

このような時代、日本の周辺地域が次々と植民地化されるなかで、国民が危機感を抱かざるを得ない出来事が起こった。

列強の脅威と対抗策

明治維新後、文明開化で海外の文化を積極的に摂取しようとしていた我が国であるが、当時、国民が重大な危機感を抱いた出来事が二つあった。

その一つは、一八九一（明治二四）年、シベリア鉄道の起工である。これによりロシアの極東アジア・太平洋地域への進出の意図が明白になった。海外への進出を志す当時の我が国にとって、その目と鼻の先とも言える極東アジアへのロシアの進出は、我が国の国益を脅かす存在であった。

二つ目は、我が国が海外に進出しようとする目論見を阻もうとする三国干渉である。

一八九四（明治二七）年、アジア大陸進出に足がかりを求めていた我が国と、それを阻止しようとする清国の間に始まった朝鮮半島の支配権をめぐる日清戦争に我が国が勝利した。戦勝国である我が国は、当時の国際慣習に従って、下関条約で清国の領土であった台湾及び遼東半島の我が国への割譲を認めさせた。

しかし、極東に権益の拡大をもくろむロシア・フランス・ドイツ三国は、強力な軍事力を背景に我が国の大陸への進出の足がかりとなる遼東半島の領有に反対し、我が国は遼東半島を放棄せざるを得ない状況に追い込まれた。いわゆる三国干渉である。三国干渉は、国民に列強に対する我が国の国力不足を痛感させた。

我が国は、産業革命に伴う経済発展から取り残されたアジア・アフリカの諸地域が、強い軍事力を備えた欧米列強の植民地に組み込まれていく状況を目の当たりにして、植民地化されることなく列強に互していくためには、さまざまな産業を盛んに興して国を富ませ、強い軍事力を備えて我が国の国益を護る楯と鉾となし、我が国の産業が生産する生産物を販売したり原材料を安価に獲得することのできる植民地を手近なアジア大陸に求める必要があった。

しかし、この地域には、既に権益を定着させ、その権益をまもろうとするイギリスと、イギリスに続いて権益を定着させ、その拡大を狙いつつあるロシア・フランス・ドイツの三国、そして新たに大陸進出を志す我が国が鼎立するという構図が存在した。

イギリスと我が国は、その権益をまもるための手段として次のようなことを考えていた。すなわち日本は、極東アジアに進出支配する上で地政学上有利な位置を占めている。したがってイギリスは、極東アジアでイギリスと権益が対立することになる三国との関係に優位を占めるためには、地の利がある我が国と三国とを拮抗させることにより、極東アジア地域でのイギリスの優位を維持できる。そのためにイギリスは、我が国と手を握っておく必要がある。このように考えていた。

また、列強に比べて国力が著しく劣っていた我が国としては、産業革命の先達であり強大な軍事力を背景に世界各地に植民地を経営する大帝国イギリスと同盟関係を持つことは、我が国が三国に対抗していく上で、是が非でも必要なことであった。

日本とイギリスは、このような思惑から日英同盟（一九〇二年）を締結し、三国に対抗したのである。日英と三国との関係はやがて、極東において覇権を競い合う列強を日本とロシアが代理する形で、人類が初めて経験する近代戦争と言われた日露戦争への布石が敷かれていったのである。

鉱物資源の世界的需要

当時、列強の強大な国力は、産業革命に成功した結果、急速に進歩しつつある科学技術を基礎として工業化に成功したことにより得られたものであって、列強における進んだ工業力が、民需・軍需を満たす品質の高い製品を生産していたのである。これらの工業製品を製造するための機械器具や製品の原材料、そしてその運搬手段である鉄道網を敷設し、船舶などを建造するための原材料、そして通信手段を構築するために、大量の鉱物資源の需要が発生していた。

我が国は、明治・大正・昭和と、世界有数の銅の産出量を誇っていた。

銅の用途は、多方面にわたって生じていた。例えば、電気通信、発電、電力の送電などが列挙できる。一八三五（天保六）年、モールスの有線電話機の発明により、電気の良導体としての特性から電線として使用され、通信網整備のために膨大な需要が生じていた。有線電信は、情報を瞬時にして遠隔地に伝達することができることから、経済活動にも取り入れられて一般に普及した。

一八七八（明治一一）年、エディソンが発明した炭素フィラメントを使った白熱電灯はたちまち一般に普及して、電気の良導体である銅は電線の材料として一層の需要を呼んでいた。

また、銀については、通貨のほか、既に実用化されていた写真の感光剤の原料として消費が伸びつつあった。金は、言うまでもなく世界の基軸通貨として流通し、その保有量の多少が国の貧富のバロメータとして用いられていたのである。

このようなわけで、鉱物資源は、列強の国力の増強拡大をはかるためには不可欠な物質であったため、列強は鉱物資源の開発獲得にしのぎを削っていたのである。

このような国際状況下、殖産興業を果たして富国強兵を実現するという政策を推進する我が国の鉱工業の振興策は、内政外交を支える重要な基本政策であったのである。

五、西沢金山再発見

近代化政策を進める日本

明治初期、我が国が目指した殖産興業を手段とし、富国強兵を目的とする政策は、我が国に重工業国化の道を歩ませた。しかし、工業化の歴史の浅い我が国は、その基盤が貧弱であったため、いきなり重工業化することには無理があった。

そこで、我が国はその前の段階である紡績産業などの軽工業を積極的に取り入れることにより、重工業化への基盤を整えようと考えた。列強から軽工業の技術を獲得するためには、やはり外貨が必要であったのである。

当時の我が国の生産物で直ちに外貨に換えられる物といえば、生糸や粗銅に代表される鉱物資源などの一次産品であった。そこで、明治政府は殖産興業策をとり、民間資本が鉱工業や製糸業などを興しやすいよう条件を整え、産品の輸送手段として鉄道事業を振興する政策を採った。

例えば、明治新政府が徳川幕府から引き継いだ足尾銅山などの鉱山を、積極的に民間に払い下げて鉱物資源の開発を促す政策をとったり、官営で興した群馬県の富岡製糸工場を民間に払い下げたりするなどして近代産業の我が国への移入移植を図った。また、天候や季節に支配されやすい当時主流を占めていた舟運を主とする運送から、生産物を天候や季節を問わずに大量輸送をすることができる鉄道網を、短期間で国内に張り巡らすために民営主導による鉄道敷設事業を積極的にすすめたりしたのである。

また鉄道網の整備は、軍事上の観点すなわち各地の鎮台に分散配置されていた軍隊を、西南戦争に代表されるように不平士族等の内乱に際して、軍隊を全国どこへでも効率よく運用するためにも、急を要する重要な課題であったともいわれている。

足尾銅山の盛況

古河市兵衛等は、足尾銅山の経営権を獲得して、このような時代の先駆けとして、一八七六（明治九）

年一二月、本格的な銅山経営に乗り出した。

幸いにも古河市兵衛は銅山経営に乗り出してから数年にして、一八八一（明治一四）・一八八二（明治一五）年と直利（なおり）すなわち富鉱帯を掘り当て、足尾銅山は活況の一途をたどり、市兵衛は銅山王としてその名を全国にとどろかせるまでになっていた。

市兵衛は、足尾で生産した銅を、難路である渡良瀬渓谷沿いに輸送するルートを避け、江戸時代すでに宿駅が整備されていた日光街道筋を利用するために、敢えて細尾峠を越えて足尾から日光に運び出し、そこから東京に輸送するルートを選択した。古河市兵衛のこの選択により、足尾・日光・東京間には新たな輸送手段が生まれつつあった。

一八八八（明治二一）年には、細尾～日光間に馬車軌道が完成した。馬車軌道は、馬が敷設された線路上を荷車を引いて運ぶものである。一八九〇（明治二三）年には、険しい細尾峠を越えて粗銅を運搬するために、足尾の神子内地蔵坂～細尾間に細尾鉄索（ロープウエイ）が架設された。

また、同年八月開通した日光線（現JR日光線）が、一八八五（明治一八）年七月、先に開通していた東北線を経由して東京へ結ばれた。一九一〇（明治四三）年九月、日光電気軌道が日光駅と岩の鼻間に開通し、足尾産の銅は、このような輸送手段により世界の市場へと送られていったのである。

この細尾鉄索の動力源としては、世界でも先端的な技術であった我が国初の水力発電所が稼動を開始したのである。

このようにして足尾～日光～東京間の輸送力は整備拡充されつつあったのである。

しかし、足尾銅山が素材として輸出していた銅は、不純物を多く含んで品質が安定しなかったため、海外の市場では高い評価を得てはいなかった。つまり我が国が獲得できる外貨にも影響したのである。

そこで市兵衛は、輸出する銅に高い評価を与えるために、銅の純度を高めること及び製品化した銅を輸出することの必要性を痛感し、精錬技術の向上を目指して対策を講じた。

古河市兵衛は、別名「幸の湖」と呼ばれる中禅寺湖の恵みを受けて水量豊かな大谷川の水を使った水力発電の可能性に着目し、同流域に発電所を建設し、銅を電気精錬するための施設を建設する計画を打ち出し、実行に移していったのである。

大谷川は、中禅寺湖に源を発する。中禅寺湖は、大谷川が男体山の噴火に伴って噴出した溶岩によりせき止められた堰止湖である。中禅寺湖に湛えられた水は、湖尻川を流れて華厳の滝を落下するほか、大谷川をせき止めた溶岩層から大量の漏水となって大谷川の流れを形成している。この大量の漏水こそが、大谷川の安定した基底流量を保障し、そのためどのような日照りの年でも、大谷川の水量は安定している。この年間を通して安定した大谷川の水量こそ、古河市兵衛が足尾産の銅を細尾峠経由で搬出し、日光に電気精銅事業を立地させた最大の理由であったのである。

日光地方は、明治維新後、旧幕府の庇護を失って神領としての特権を失い、衰微していたのであるが、明治一〇年代末には早くも、足尾銅山開発に伴う設備投資の影響を強く受けて、以前にも増して活況を見せていたのである。

日光地方の人々は、古河市兵衛の鉱山開発の成功、そして財閥が形成される過程を目の当たりにして、誰もが一攫千金の夢につながる有望な鉱脈の情報に耳目をそばだてていた。そのような人々の中に、西沢金山を再発見した川俣村民や、西沢金山の再開発の礎を築いた高橋源三郎等がいたのである。

日光と川俣の交流

一八九三（明治二六）年春、平家の落人の後裔を自認する一四軒の村民が寄り集まっていた。春祭の直会（なおらい）の酒席でのことであったらしい。一人の古老が「弘化年間の西沢金山にまつわる出来事」を昔語りしたところ、同席した村人達は、好奇心を大いに刺激された。

それというのも、一山を越えた日光では、廃山同様の足尾銅山の鉱業権を獲得した古河市兵衛という人物が、大富鉱帯を掘り当てて同銅山に活気が甦り、足尾銅山開発の拠点として日光が選ばれた結果、殖産興業の波に乗って、日光には、古河市兵衛等の膨大な資本が投入されて、前代未聞、目を見張るような活況を呈していた。

現在、日光町と川俣を強く結び付ける材料はないように見える。しかし当時、日光町と川俣は近い存在であった。日光町と川俣との間には、交易が存在したのである。その道筋は、川俣・野門～女峰山と小真名子山の間の富士見峠～馬立～日光町のルートで、当時はまだ機能していたものと思われる。川俣・野門と日光間の交易については、次のような話が伝えられている。

女峰山の唐沢小屋への登山口である富士見峠に近い「馬立」には、無人の交易所として使用されていた山小屋が存在したとのことである。この山小屋に管理人は常駐してはいなかったが、交易は次のようにして行われていたとのことである。

川俣・野門と日光町の人々は、日常生活で必要としてそれぞれが入手したいと考える物は、決まっていたらしい。川俣の人々が必要とした物は味噌や米などの里の幸であったであろう。日光町の人々は万能薬として珍重されていた熊の胆等の山の幸であったであろう。どちらかの人がこの無人小屋に交換に供する品物を置いて帰る。するともう片方の人がこの小屋にやってきて、交換に供されるために置いてある品物の値に等しいと思われる品物を置いて、交換に供されるために置いてある品物を持ち帰る。このようにして馬立の無人の交易所を介して交易が行われていたとのことである。

しかし、川俣の人々は、無人交易所から里の幸を持ち帰るだけでは満足せず、日光町まで下りてきては、直接山の幸と里の幸の交換を試み、同時に里のさまざまな情報を得て、里の情報を待ち望んでいる村人達に語り伝えていたものと思われる。

そのなかに村人の興味を強く引きつける情報があった。それは近年、日光に賑わいをもたらしている古河市兵衛の一攫千金に等しい足尾銅山開発成功に関する情報であった。

川俣村民の鉱山再発見

古河市兵衛の足尾銅山開発の成功話を聞いて、川俣村民には思い出される言い伝えがあった。

半世紀前の弘化年間（一八四四〜一八四八）、門森沢上流の西沢において、鴻野傳右衛門が金を採掘していた鉱山に関する話である。

同鉱山は、掘り尽くした結果、鉱脈が枯渇して廃鉱になったわけではなかった。幕府の採鉱を禁止する命令によって廃鉱になっただけである。したがって、まだ金を採掘しようと思えば採掘することができるかも知れない。金鉱脈を発見することができたならば、川俣村民全員が古河市兵衛のような金持ちになれる。彼らの夢は大きくふくらみ、既に金鉱脈を発見したような気分に浸ってしまった。

そこで、酒宴に顔を連ねていた一四軒三四名の村民達は、酒の勢いも手伝って、翌朝、全員で鉱山跡の探索をすることに決定した。そして、伝え聞くところの弘化年間の旧坑跡を発見した暁には、同鉱山は村民の共同の所有にすること。翌日の指定の時刻に参集しなかった者は、この権利を放棄したものと見なすことを、この地方に伝わる猟師達の狩りに参加した人々が獲物を平等に分配する習わし・掟に従うことを申し合わせた。

しかし、翌日指定の時刻に集まった者は全村民の半数の一七名であった。彼らは山中に分け入り探索した結果、門森沢に八〇を超える純鉛塊を発見し、村に帰ってから約束にしたがって当日の探索に参加した一七名の共同所有として、試掘願いをその筋に出願したとのことである。

六、高橋源三郎の鉱山開発

西沢金山の買収

川俣村民が西沢に鉱山を再発見したとの情報は一八九三（明治二六）年七月、日光町の旧家で質屋を営む高橋源三郎のもとに、矢木沢半七郎によってもたらされた。高橋源三郎は、一八六〇（万延元）年九月一二日、日光町に生まれた人であるから、この時三三歳の働き盛りであった。

高橋は、矢木沢がもたらした川俣村民の西沢における純鉛塊の大量発見の報は、鴻野傳右衛門が採掘したと伝えられる金鉱山が実在したことを物語る有力な証拠であると直感した。

そこで高橋は、実地踏査を試みることを決心し、同年八月二三日、日光町を出発し八里（約三二キロメートル）の急峻な山道を踏破して目的地に到達し、人の踏み跡のない西沢の山の中に三日間にわたり野宿して、あちらこちらと探鉱を繰り返し、ついに巨大な鉛の露頭を発見した。高橋は、これが単なる鉛の鉱脈ではなく、語り伝えられる金山であり、この鉱脈が有望であることを確信するに至った。

彼は、直ちに川俣村民との間に、当時としては破格の大金である即金四〇〇円、成功金一〇〇〇円という条件で、全山の売買契約を締結したのである。

村民との間に鉱山の売買契約を取り交わした高橋は、後に彼の西沢金山会社の庶務課長をつとめて彼と金山開発に幾多の苦楽を共にすることになる岸幾太郎に、このまま山に留まって引き続き探鉱を続けるよう言い残し、彼自身は採取した鉱石の標本を携えて上京した。そして当時、鉱山に関して大家と評判の高かった大島高任という人物に、その品位の鑑定を依頼した。

ところが標本を鑑定した大島は、鉱石の標本の表面に車軸のような文様があるのを見て、「これは面白くない。この露頭は掘り行くに従って尽きてしまうであろう」との鑑定を下したとのことである。

大家の鑑定には失望したが、高橋はすでに四〇〇円という巨費を投じている。簡単にあきらめられるものではない。高橋は不安を振り切って翌一八九四（明治二七）年三月、雪解けを待って再び探鉱を再開し、ついに弘化年間の旧坑を発見したのである。これに勇気を得た高橋は、翌一八九五（明治二八）年も引き続き探鉱に従事し、苦労した結果、有望な鉱脈を掘り当てた。

ところが高橋は、採取した鉱石を精錬する手段を持っていなかった。精錬設備を整えるためには、莫大な資本が必要である。そのようなわけで、当時は殖産興業策により、各地で大小多くの鉱山が開発されたが、採掘から精錬まで一貫した生産体制を保有するのは大手が経営する鉱山に限られていた。小規模な鉱山は採取した鉱石を精錬施設の整っている大手の鉱山に売却して現金化していたようである。

しかし、鉱業には素人の高橋は、鉱山経営に関する専門知識に乏しく、山深い西沢に採掘した金鉱石を市場に運搬する手段を持たず、高い品位の鉱石も換金されることなくむなしく積み上げられるばかりであった。その一方、事業経営に伴う出費ばかりが嵩んで、彼は財産の大半を失っていた。しかし、金山開発事業を軌道に乗せるまでには、さらに莫大な資金を必要としたので、家族を始め親戚筋の猛烈な反対が日増しに高まった。

このようなとき、さらに運が悪いことに、頼りにしていた鉛の露頭は掘り進むと間もなく鉱脈が尽きてしまったのである。高橋は、絶体絶命の瀬戸際に立たされた。

勝海舟の支援

高橋源三郎が、西沢金山の運営資金の調達に行き詰まった、この窮余の時に思い浮かんだのが、伯爵勝海舟との間に約束をしていた一二〇〇円で伯爵に買い取って貰うことになっていた高橋所有の土地のことであった。この土地については、まだ伯爵との間に正式な売買契約書を取り交わしてはいなかった。

その後、その土地を五〇〇〇円で買い取りたいという人物が現れたのである。高橋は口約束とはいえ伯爵との約束を破ることに罪悪感を感じつつも、五〇〇〇円の土地売買に関する契約を新たな買い主と締結し、直ちに東京赤坂氷川町の伯爵邸を訪問した。

写真５　小杉放菴記念日光美術館　勝海舟の別荘跡

そこで高橋は、伯爵に対して彼の事業が危機に直面していることや、伯爵と売買の約束をしていた土地について信義に反する結果になってしまったことなどについて包み隠さず説明し、伯爵の許しを求めたとのことである。

高橋の弁明を聞いた伯爵は、「貴様は醜い奴じゃ」と頭越しに叱り飛ばしたが、すぐに言葉を和らげて、高橋に鉱脈論などを述べ聞かせ、高橋を励ます温かい言葉を与えたので、高橋は伯爵の天よりも広く海よりも深い度量に感激し、絶望の淵から甦った心地を味わったとのことである。

ところで、日光の市井の人である高橋が、明治維新前後の幕府方の救国の立役者として功績があり、伯爵として社会的に高い地位にある勝海舟にこのように深い面識を有していたことを不思議に思うところである。

しかし、士農工商の階級制度が厳格に守られていた徳川時代から四民平等の文明開化の時代となり、国を挙げて殖産興業の時代になっていたのである。社会は一挙に流動化していた。物や金の流通、人の交流が盛んになっていたため、町の質屋の若主人と伯爵が、土地や物の流通、金融を介して親交を結んでもおかしくはない時代になっていたのである。

じつは、維新後、勝海舟は日光に別荘を所有していたのである。その別荘は、明治二〇（一八八七）年、晃嶺学舎から日光尋常小学校と名を改めた学校の敷地の予定地にあったため、町は海舟から別荘を買収し、建物は校舎の一部として使用したとのことである。

この晃嶺学舎は、大谷川左岸の萩垣面（はんがきめん）に移転する前の市立日光小学校の前身であり、大谷川と稲荷川が合流する地点の山内の東の端に位置するところにあった。現在は小杉放庵記念日光美術館や市営駐車場などとして使用されている場所である。（写真5）

勝海舟が日光に別荘を構えた理由は理解できる。

明治前夜、佐幕か勤王かで揺れ動き、あくまで佐幕を唱える幕臣達に対して、家康の遺訓と伝えられる「人の一生は、重き荷を負いて遠き道を行くがごとし……」を示して、泥沼の内乱を避けて新政府への政権移譲を果たした功労者は勝海舟である。

また一説には、この遺訓は家康のものではないという節がある。我が国が開国か攘夷か、勤王か佐幕かでゆれる幕末の国家存亡の危機を乗り切るため、内乱が長引いて国内が荒廃疲弊することを回避しなければならない国情にあった。

そこで、佐幕や尊皇を主張して対立する人々を説得するため、あるいは維新後、安定した収入の道を失って耐乏生活を余儀なくされて不満をつのらせる旧幕臣達を慰撫するために、勝海舟が家康の遺訓であるとして創作したものであるとの説がある。

いずれにしても、国の将来を憂い、徳川幕府二五〇年の安定した社会の礎を築いて日光に眠る家康公を深く尊崇してやまない海舟であったからこそ、国難に際して、家康の遺訓と聞いて偽作とは思えない味わい深い遺訓を創作することができたのである。その彼が維新後、深い想いを寄せて家康の眠る別荘を日光に所有したのである。

自家製錬所の建設

一八九六（明治二九）年、高橋源三郎は、製錬所

を建設する必要性を痛感していた。採取した鉱石を現金に換える手段として自家精錬することを決心したのである。

そこで高橋は、当時、日光町荒沢に別荘を構え、田母沢御用邸に勤めていたことから面識のあった男爵三宮義胤の紹介で、福島県半田銀山の製錬所を視察した。しかし、その製錬所は旧式であったため採用を断念し、さらに工学博士大島道太郎の紹介で兵庫県の生野銀山を視察し同銀山の精錬方式を導入することに決定した。

高橋が建設を計画した製錬所は、小規模ではあったが五～六万個の煉瓦を必要とした。高橋は、その資金を捻出するために、残っていた高橋所有の土地を下野銀行に抵当に入れて資金を借り入れ、煉瓦製造に着手した。

彼は粗末な洋服を着てそのポケットに入れた握り飯をかじりながら、煉瓦職人の煉瓦製造を手伝って五〇日余、同年五月六日、ついに精錬所は完成したのである。この作業期間中に高橋の体重は、三貫目(約一一キロ)減少したほどの重労働であったとのことである。

同年八月、高橋は彼の精錬所で初めて精錬した金の地金を携えて、資金調達に関する土地売買の件などで迷惑をかけたり世話になったりしている伯爵勝海舟を訪ねた。

伯爵は、重労働の結果、著しく体重が減少し、日焼けして目つきが鋭く精悍な容貌になった高橋を見るなり、「貴様、大分骨を折ったな。目つきが違うぞ」と一喝し、さらに金塊を一瞥して「鉛の塊だろう。まったく怪しい奴だ」と、再び頭越しに怒鳴りつけた。

高橋は、伯爵に「この金塊が本物でなければ直ちに切腹します」と言って抗議したが、伯爵はなお一層声を荒げて、「生意気な奴だ。帰れ」と、大喝した。

高橋は、取り付く島もなく、伯爵邸の門を出ようとしていたとき、伯爵家の使用人が彼の後を追ってきて、「今一度伯爵にあって、事情を詳しく説明するように」と取りなしてくれた。

彼はおそるおそる伯爵の前に出て、金塊を叩き、決して贋物ではないことを説明した。すると伯爵は、その金塊を鑑定するために造幣局に預け入れるよう高橋に助言した。高橋は伯爵の助言に従って、金塊を造幣局に預け入れて一週間後、その金塊が燦爛と輝く一〇円や二〇円の金貨で合計一五〇〇〜六〇〇円となって高橋の手元に還ってきた。

このようにして高橋は、金塊が贋物ではなかったこと、高橋の鉱山事業が成功しつつあることを伯爵に証明することができたのである。

渡辺渡との出会い

一八九六（明治二九）年一一月に入り、高橋源三郎の西沢金山は、その産出量を順調に伸ばしていた。しかし、いかにしても素人の行う鉱山経営である。同鉱山が埋蔵する資源量を的確に把握したり、採掘した鉱石に含まれる鉱物資源を効率よく最大限取り出して金銭に換えるといった、持てる資源を生かし切った経営をしてはいなかったのである。

高橋の債権者であった下野銀行頭取の矢板武は、素人が綱渡りをしているような高橋の鉱山経営を、安心して見守っていることはできなかった。

同鉱山に埋蔵されている資源や採掘した鉱物資源を余すところなく活用することができるならば、飛躍的な収益の向上に結びつき、債権を回収してなお大きな取引に結びつくと、頭取矢板武は考えた。そこで矢板は、高橋にこのような方面に詳しい人脈をもつ子爵品川彌次郎を紹介したのである。

さっそく矢板の紹介により高橋は、第二回目に精錬した金塊を携えて、子爵を訪れた。そのとき子爵は病床にあったが、高橋が学者や技術者の力を借りることなく、苦心して鉱山を独力で開発した経緯を述べると、子爵は、高橋の心意気と勇気に感心し、「生涯鉱山開発に奮闘せよ。自分も出来得るかぎり助成しよう」と激励したのである。

翌一二月、高橋等は稀にみる高品位の鉱石を採掘して大喜びしているところに、品川子爵から「ちょっと来てくれ」との通知があった。早速、高橋が訪問すると子爵は、「素人同士の事業では到底大なる発展は望み得られない。やはりこの際、鉱山事業の権威でかつ人格の高潔な人物に相談相手になって貰うべきである」と、高橋に鉱山学の権威者であった工学博士渡辺渡を紹介した。

工学博士渡辺は、一八五七（安政四）年七月二七日生まれであるから年齢は三九歳である。彼は農商務省の鉱山局長時代、鉱山事業を視察研究するために欧米に派遣され、帰国後は東京帝国大学教授と同大学工科大学長兼教授を務める工学博士であった。

このようにして高橋は、以後、渡辺の指導のもとに金山開発を進めることになり、西沢金山は、その後の同金山開発に欠くことのできない頭脳をこのようにして得たのである。

横領未遂事件

高度な専門知識もつ工学博士渡辺を得た高橋源三郎の西沢金山は、同博士の参加でその将来性を保証されたようなものであり、前途は極めて有望であった。同博士が高品位の金鉱石を産出する西沢金山について投稿する論文は、専門誌を通じて我が国はもとよりロンドンにまで伝えられた。そして英国の大新聞がこれを記事にして、西沢金山が極めて有望であることを世界に紹介した。西沢金山は世界の脚光を浴びることになったのである。これを知った高橋は、彼の鉱山事業の社会に対する責任の重さを感じていたのである。

この華々しさの陰で、密かに陰謀が巡らされ実行されようとしていたのである。

外国の鉱山事業に精通したある有力な実業家は、西沢金山の内外における高い評判を聞いて、その横領計画を企てたとされている。

腹心の米国帰りの技術者に因果を含めて、鉱山技術者に不足していた西沢金山に送り込んだ。一八九七（明治三〇）年の春のことであった。

彼は鉱脈を調査するふりをして、採掘許可図を広げて、高橋等が所有する鉱業権の範囲を確かめ、実際の地形を踏査しては、付け入る誤謬を研究し、その結果は絶えず東京の有力な実業家に密かに報告したり、家族が病気などと偽っては上京して謀議を重ね、西沢金山横領の陰謀を実行に移したのである。

有力な実業家は、五～六名の名義で既に採掘している高橋の鉱区内に、縦横十文字にかけて採掘することを出願した。高橋が、高橋以外の者の名義を用いて鉱業権を取得していることは、当時の鉱業条例に定めている「詐欺又は誤謬により得たる採掘権は、農商務大臣はこれを取り消すことを得」との規定を悪用しようとしたとのことである。また同有力実業家は、他方では金鉱発見の恩恵にあずかれずに仲間外れになっている村民を煽動して、高橋の鉱山経営を妨害するなどさまざまな妨害行為を行ってきた。

このようにして西沢金山の鉱業権は、高橋側に帰属するのかあるいは有力実業家に帰属するのかという点で、我が国の産業界の耳目を集める大問題となったのである。そこで農商務省は、この問題は放置しておくことのできない重大な問題であるとして、同鉱山に技師を特派して鉱区の精密な測量を行うことになったのである。

しかし、この間においても同有力実業家は、他の有力実業家に働きかけて謀議に参加させ、品川子爵に対しては、高橋からの離反を誘うような中傷情報を故意に流したり、「争いがこのまま推移するならば、高橋は敗訴して全ての権利を失うであろう。この際我々と共同の権利として鉱山を経営することの方が得策である。子爵よりこのことを高橋に伝えて欲しい」などと言葉巧みに働きかけたのである。

もちろん子爵は、有力実業家の理不尽な要求をはねつけ、高橋を支持することを宣言した。

このような事件のさなか、高橋の名を騙って品川子爵から一万円を詐取する事件が起こった。一八九七（明治三〇）年一二月二六日、栃木県のある有力者は、高橋が知らないうちに品川子爵を訪れ「今、高橋は一万円がなければ、この暮れを越すことが難しいほどの大窮境に立たされているので、どうか高橋を助けて下さい」とまことしやかに懇願した。

詐欺とは知らない品川子爵は、栃木県の有力者の言葉を信じて高橋に同情し、早速、三井の元老益田孝に手紙をしたため、子爵自らが借用人になって一万円を整えて、彼に手渡した。

同月三〇日、高橋は、突然、栃木県の有力者から一五〇〇円を送り届けられ、高橋が驚いているとさらに、同有力者から、明春（明治三一年）一月七日までに上京するようにとの連絡が、彼のもとから届いた。

待ち合わせの上野駅に高橋が到着すると、彼は高橋を直ちに駅前の喫茶店の二階に案内して、「実は私は山林払い下げ運動のため多額の運動費が必要になり、心ならずもあなたの名前を利用した。近々成功することになっているので、あなたに対して一万円を融通してくれた品川子爵にあなたから礼を述べてくれ」と頼まれたのである。

高橋がことの真相を子爵に訴えれば、友人を葬り去ることになる。高橋は悩んだすえに決心して、子爵には厚く礼を述べ、同時に益田には一万円の担保として一年間鉱区を差し出すことで、この問題は解決したのである。

ところで西沢金山に関する争いは発展を続け、農商務省は事実関係を確認するため技師を西沢金山に派遣して実地踏査を行い、その報告に基づき第一回の参事会を開いて協議した。会議は一時高橋側に不利な決議を下しそうな形勢であったが、途中、異議が起こり、公平な裁断を下すために、さらに実地臨検することになった。

その結果、高橋側の勝訴となり、高橋の鉱区は農商務大臣指定の鉱区になり、鉱区の完全な図面が高橋等に与えられた。

この事件では、官吏である監督官補二人が、一万円の成功報酬を得る約束で、事実関係を歪めて高橋側に不利な報告をしたことが露見し、彼らは逮捕されて二年の懲役が科せられた。なお、この事件の最中、品川子爵は死去した。

精錬失敗で負債

西沢金山は、鉱山学の権威渡辺博士も驚くほどの高品位の鉱石を産出していたのであるが、精錬技術が未熟であったことなどの理由から、収支のバランスがとれるまでには至らず、借金は三～四万円に達していた。さらに多くの金を得るためには、精錬する鉱石の量を増やさなければならなかった。

高橋は、東京根岸桜木町の仮住まいに鉱石を運び、そこで粉末にして本所徳右衛門町の、ある鋳物屋の釜を借りて溶解などして金を得ていたが、このような急場しのぎの姑息な方法では、収益をあげることはできなかった。

そこで一八九九（明治三二）年の暮れ、当時操業を中止していた栃木県河内郡の三井家の篠井金山の製錬所を借用して精錬することにして、一一月から一二月にかけて、二万貫の鉱石を牛馬により一六里の道のりを運搬して精錬することにした。しかし精錬に着手して、その精錬施設には欠陥があることが発見され、この試みは失敗に帰した。

一九〇〇（明治三三）年、資金は底をつき、加えて最も頼りにしていた鉱脈も採掘し尽くしてしまった。採掘して堆積してある鉱石は、効果的に精錬して金などの貴金属を取りだす手段を見いだせないまま、虚しく雨風に曝されていた。

そして、一九〇一（明治三四）年四月頃には、借金は積もり積もって一〇万円に達していた。このころ、鉱山で働く鉱夫は三〇〇人に達し、彼らに支払う賃金は三カ月も滞っていた。その後も資金難が続き、借金はさらにふえて、一五～六万円に達したこともあったとのことである。

足尾台風の来襲

一九〇二（明治三五）年九月二七日の夜、高橋源三郎は西沢金山開発の過労がたたって病床に伏し、一人、降りしきる大雨の音を聞きながら、今後の鉱山経営のことなどに思いをめぐらしていた。

事業を軌道に乗せるまでは下山しないとの決意のもとに、家族と別れて登山して以来一年数カ月、事業は思うように進展せず、鉱山で働く人々の食料を購入するための資金にも事欠いて、三〇〇人の鉱夫は飢餓に瀕している。

厚い信頼を寄せる西沢金山の庶務課長の岸幾太郎は、貸付金回収の催促のため下山して、まだ帰らない。重い病気に罹り東京の浜田病院に入院している長女は、九死に一生を得たが、長男もまた順天堂病院に入院しており、病状を知らせる電報は頻々として届く。しかし、鉱山の状況は、彼の下山を許さない。

高橋が現地で鉱山経営にのめり込む余り、高橋なしに現場が機能しなくなっていたのである。現在の彼の悲惨な状態を顧みながら、悶々としているうちに夜が明けて二八日の朝を迎えた。

雨は轟々と滝のような勢いで降りしきっている。すると天地が震動して鉱山内の各所で山腹が崩壊し、大土石流が繰り返し発生したのである。天を突くような巨木は強風に根本から折れ、製錬所をはじめ六十数棟の家屋は、土石流に押し流されて影さえも留めず、高橋のいた二階建ての建物一棟だけが、左右から岩石に挟まれるようにして傾きながらも辛うじて流失を免れた。

この時発生した土石流は、直径五間（約九メートル）もあろうと思われる巨岩を先頭に流れ下り、遮るものの全てを破壊し尽くした。

土石流とは、当時、「山抜け」とか「鉄砲水」などと呼ばれてはいたが、その存在は永く疑問視されていた現象である。現代のビデオ機器が捉えた土石流は、土砂と水が渾然一体となり渓流を流れ下る現象である。

土石流は、大きい岩石ほど流れの早い表面を流れ、さらに流れの早い流れの中心部に集中して流れるため、大きい岩石ほど流れの先頭に集中する。したがって、その破壊力は極めて大きい。むかし土石流を目撃した人々は、「巨石が舞う」とか「大石が漂う」などと書き留めて、その恐ろしさを伝えていたが、その存在が一般に認識されたのは、ビデオ機器が普及した最近のことである。

暴風雨は午前一〇時頃小康状態になって青空が見え、あちらこちらから避難して助けを求める鉱夫の叫び声が聞こえてくる。橋は全て流失し、幅三間（約五メートル）ほどしかなかった渓流も、今は二〇余間（三十数メートル）にも広がり、とても歩いては渡ることができず、ただ声援を送って見守るばかりであった。

正午頃になると再び雨足が強まり、辛うじて残っていた一棟の建物も横転するほどに傾き、人々は生きた心地なく暴風雨の過ぎ去るのを待った。

この災害で一四名の鉱夫が死亡あるいは行方不明になった。西沢金山は、再起が危ぶまれるような壊滅的な災害を被ったのである。

この暴風雨は、相次いで北関東地方を襲った二個の台風によってもたらされたもので、後に「足尾台風」と命名された。

足尾台風がもたらした暴風雨は、北関東地方に大きな災害をもたらした。男体山の観音薙に発生した大土石流が中禅寺湖に突入した衝撃で、湖面に三メートルを超える津波を発生させた。そして、その津波は華厳瀧を落下して、すでに大増水していた大谷川に大土石流を伴う大洪水をおこし、日光町七里から今市町にかけて大氾濫し、多くの耕地を荒廃させるなど、栃木県ではとりわけ上都賀郡を中心に甚大な被害をもたらした。（表2）

表2　足尾台風による栃木県の罹災状況

罹災救助ニ屬スル受給者種類別

郡市＼種別	死	行方不明	負傷	全潰	半潰	流出	浸水
河内郡	九人	—人	三一人	一、四五一戸	二九戸	一六戸	三一戸
上都賀郡	八三	六三	一二三	七三三	四	三一七	—
芳賀郡	九	—	三四	一、四九七	一九	一	—
下都賀郡	二三	—	七一	三、三一五	三二九	二二	五六六
塩谷郡	一九	—	五	三六九	—	一四	六
那須郡	五	—	九	五二六	—	七	—
安蘇郡	六	—	五	一〇一	一	—	三一九
足利郡	二	—	—	五六	七	二五	七九九
宇都宮市	—	—	二	一八七	—	—	—
計	一五六	六三	二八〇	八、二一七	三八九	四一二	一、七二二

また、足尾台風は、足尾銅山に対しても鉱山施設群に、西沢金山を上回る甚大な被害を与えた。したがって、この台風は、当時の貴重な外貨を獲得するための花形輸出産品である粗銅を生産していた我が国有数の足尾銅山の名を冠して「足尾台風」と命名されたのである。

大災害の中の幸運

足尾台風に伴う暴風雨は、西沢金山内の各所で大規模な山腹崩壊を起こし、崩壊した土石が土石流となって、高橋源三郎が莫大な資金を投じて建設した鉱山施設群を壊滅し、西沢金山ももはやこれまでかと思われた。

しかし、この足尾台風が過ぎ去ってみると、荒廃した鉱区内の崩壊した山肌に思わぬ幸運が顔を覗かせて微笑んでいたのである。すなわち、崩壊跡に有望な鉱脈の露頭が顔を出しているのを発見したのである。崩壊は鉱区内のいたるところにある。

そこで高橋は、ただちに鉱夫五人を選抜して、崩壊跡に現れた露頭の調査にあたらせた。探鉱隊は出発して一時間ほどして戻ってきた。

「途中に大きな瀧が出現し、崖になっているために、とても登れない」というのである。

高橋は彼らに「そのルートがダメならば、別のルートを捜して探鉱を続けるように」と叱咤激励して再び送り出した。

彼らは三日間にわたって全山を調べてまわり、有望な一七本の露頭を発見した。この情報は、暴風雨に打ちのめされていた人々に大いに勇気を与えたのである。

その日から三日間というものは、金山と町の間の交通通信は全く途絶し、そのために町では、「高橋は未曾有の山崩れのために惨死した」との風聞がまことしやかに伝えられていた。

この風聞を耳にした下野銀行専務取締役小川源次郎は、彼の安否を確認しようと、災害四日目に困難を冒して西沢金山を訪れた。そして高橋に、「債権者一同も高橋の安否を心配しているから、いったん下山して壊滅的打撃を受けた鉱山の再建策を考えようではないか」と説得した。

小川の説得に高橋は下山を決意し、新たに発見した一七本の露頭の鉱石を携えて下野銀行の頭取矢板武に会って被災状況を報告し、厚い支援に感謝した。

同年一〇月一七日、高橋は矢板下野銀行頭取とともに、先に工学博士渡辺渡の元に届けておいた一七本の露頭の鉱石の分析結果を聞くために大学を訪れた。

どのような結果が出るか、高橋は不安を隠せなかった。しかし渡辺博士は鉱石を鑑定した結果を、「有望なる良鉱をもって、銀行の債務に対しては深く心配するには及ばない」との断言をもって、鑑定の結果の答としたのである。債務者である高橋も債権者である矢板も、博士の言葉に大いに満足した。

渡辺博士は、ただちに同大学の杉本五十鈴を西沢金山に派遣して、新たに発見した鉱脈の精密な実測図を作成した。測量は同年一〇月二五日から一一月五日にかけて行った。測量が終わったその晩から雪が降り始め、見る見るうちに二尺（約六〇センチ）の積雪となったのである。

有力実業家の約束不履行

一八九三（明治三六）年六月、有望な西沢金山の話に強く興味を惹かれた我が国トップクラスの有力実業家がいた。彼は高橋に、同鉱山を共同経営することを前提に、現金二万四〇〇〇円を提供することを申し込んできた。

資金調達に苦しんでいた高橋は、債権者に相談してこの申し込みを承諾することとし、九月二五日をもって取引契約を取り交わす旨の覚書を交換した。

九月五日になってその実業家は、部下を引き連れて西沢金山を視察にやってきた。西沢金山への山道は険阻である上に雨が降っていて、道中、大変難渋したため、彼はこの取引に嫌気がさしたようである。

約束の九月二五日、契約を締結するため、高橋がその実業家を訪ねると本邸にも事務所にもいないという。高橋は大いに期待していた約束が守られないので大変困ってしまい、男爵三宮義胤に面会して相談したところ、男爵は彼の知り合いの親戚である某博士に電話で交渉を依頼した。某博士はその実業家に忠告し、高橋との契約の履行を促したのである。

しかし、その実業家は「実業界のことは、学者が知るところではないだろう」と、一笑に付して聞き入れようとはしない。そこで某博士は、彼の先輩で別の実業家である某男爵に仲介を依頼したが、その実業家は頑として応じる気配がない。これを聞いた高橋の債権者は大いに怒り、一二月、法廷に訴えたのである。

翌一九〇四（明治三七）年春、法廷での審理の結果は、高橋側の勝訴ということになり、債権者は直ちに執行吏をその実業家の元に差し向けた。同実業家にとってはわずかばかりの金のために財産に封印され、彼の困った様子は滑稽でもあったとのことである。しかし、その実業家は、同判決を不服として控訴院大審院と裁判を続けていったが、別のある実業家の仲裁により、同鉱山の名義を高橋の名義に書き換えることを条件に、その実業家が高橋に二万四〇〇〇円を貸し渡すとの妥協が整い解決した。

有力な実業家が、高橋との西沢金山の共同経営を断念した理由について、記録は「彼が同金山を視察した日、雨が降っていたり、同金山が山奥にあること」を理由としている。しかし、果たしてそれだけの理由で彼が高橋との共同経営を断念するということは、到底理解できないことである。

共同経営断念の本当の理由は、他にあるものと思われる。

すなわち、これまで渡辺博士が行っていた西沢金山の鉱脈などの調査測量などにより、同金山に埋蔵される金などの鉱物資源の総量の推定がなされていた。その実業家は、共同経営契約に先立つ覚書を高橋と取り交わした後、同金山に深くかかわっている渡辺博士等に、その可能性を何らかの方法で確かめたところ、同金山が埋蔵し産出することのできる金の総量が、世間に伝えられるほど大きいものではないことが分かった。そこで同実業家は、共同経営を回避する行動をとったのではないかと思われる。

また、渡辺博士は、西沢金山の調査研究に基づいてその限界を知るに至り、その開発にあたっては過大な投資は避けるべきであるとの考えを持っていたところから、当面、高品位の鉱石を盛んに産出している同鉱山の将来性を過大評価して、借金を重ねながら投資を続ける高橋の経営に危惧を抱き、次に述べる彼の債権者を含めた人々による「探鉱」株式会社の設立を提案したものと思われる。

七、西沢金山探鉱株式会社の設立

精錬施設を建設

一九〇五（明治三八）年、渡辺博士は久しぶりに西沢金山を訪れて調査し、次のような提言をした。

この鉱山は一〇〇万円の探鉱費を投じても経営するに値する有望な鉱山であると思う。しかし、資金が乏しいことは如何とも致し難いので、この際、株式会社組織として、まとまった資金を調達し、大規模な探鉱を実施して採掘可能な鉱石の埋蔵量を的確に把握してから、それに応じた資本を投じて合理的に同金山開発事業を進めてはどうか。

一九〇六（明治三九）年六月、西沢金山は野澤泰次郎・矢板武・小川源次郎等一六名が出資し、資本金二五万円で会社を設立し「西沢金山探鉱株式会社」と命名することを決定した。

しかしこの時既に、高橋源三郎は同鉱山の鉱業権を所有してはいなかった。鉱業権は一九〇四（明治三七）年、高橋源三郎から小川源次郎と手東藤三郎に渡っており、彼らが所有する鉱業権は、「西沢金山探鉱株式会社」が発行する一二万五〇〇〇円に相当する株券と引き換えに、同会社の所有するところとなった。そして一九〇六（明治三九）年九月一日、「西沢金山探鉱株式会社」は、探鉱事業を開始したのである。

西沢金山を世に出した功労者である高橋源三郎は、同会社設立にともない監督として引き続き同鉱山に残ることになり、一九〇八（明治四一）年、取締役に就任した。

新たに発足した「西沢金山探鉱株式会社」は、同年上半期まではもっぱら探鉱事業に徹してきたが、探鉱だけでは収入を伴わないため、探鉱事業を続けることが困難になった。そこで探鉱事業を継続するために必要な資金を調達することとし、品位の高い鉱脈を採掘することに決定した。

しかし、同鉱山は、同鉱山に適した精錬設備を保有していなかったため、採掘した鉱石をどう換金するかが重大な問題であった。

表３　西沢金山産出額（明治30年〜同35年）

期間		金量（匁）	銀量（匁）	蒼鉛量	金価格（円）	銀価格（円）	蒼鉛価格（円）
年	月						
明治30年	10月						
	12月	1,389.00	18,688		6,945	2,616	
明治31年		6,930.50	146,610		34,652	20,525	
同年東京において精錬		798.5	13,200	4,300	3,992	1,848	129
明治32年		2,680.50	42,050		13,402	5,971	
明治33年		1,438.00	31,025		7,190	4,343	
明治35年	7月中旬	金銀地金					
	9月中旬	30,000.00	この分流失		金銀価	3,295	
						合計	104,908

1匁=3.75グラム

表４　西澤金山探鉱株式会社における純益金等の期別一覧表

年度	期別	純益金	償却金	積立金	株主配当率
明治41年	下半期	67,234.719円	0.000円	3,500.000円	年4割
明治42年	上半期	49,949.600円	0.000円	2,500.000円	年2割
	下半期	54,785.630円	0.000円	6,000.000円	同上
明治43年	上半期	46,033.390円	0.000円	5,000.000円	同上
	下半期	57,951.680円	0.000円	5,000.000円	同上
明治44年	上半期	52,975.800円	22,500.000円	3,000.000円	年1割
	下半期	58,935.375円	22,500.000円	3,500.000円	年1割2歩
大正元年	上半期	57,995.228円	22,500.000円	3,500.000円	同上
	下半期	50,066.884円	15,000.000円	3,000.000円	同上
大正2年	上半期	70,544.143円	21,000.000円	3,000.000円	同上
	下半期	54,033.800円	0.000円	3,000.000円	年2割
大正3年	上半期	35,853.351円	0.000円	3,000.000円	年1割2歩
	下半期	41,632.914円	0.000円	3,000.000円	同上
大正4年	上半期	36,817.868円	0.000円	3,000.000円	同上

表５　西沢金山の旭坑の鉱脈の成分分析結果

	鉱量（トン）	百分率（平均）	含有量	価格（円）
金	0.00425	291,706 匁	1,458,530	26,360
銀	0.0352	2,496,640	299,596	
重石	26,360	1.6000	433 トン	346,400

※重石＝タングステン

表６　賣鉱品位表　明治41年12月出鉱高　（生野鉱山へ賣鉱）

1匁＝3.75g
1貫＝3.75kg

種目	叺数	鉱量正貫		品位百分率		含有量（匁）		価格（円）	
		貫		金	銀	金	銀	金	銀
1印	120	1,534	930	0.1763	1.3275	2,705.86	20,715.00	13,529.33	2,485.85
2印	120	1,522	930	0.1224	0.8695	1,864.00	13,462.00	9,320.00	1,615.49
3印	140	1,793	860	0.1836	1.2133	3,293.33	21,764.80	16,466.66	2,655.28
4印	87	951	460	0.1366	0.8225	1,299.46	7,825.60	6,497.33	954.71
5印	132	1,622	660	0.1667	1.2256	2,714.66	19,887.20	13,573.32	2,626.21
合計	599	7,425	840	0.1573	1.127	11,877.31	83,654.60	59,386.64	10,137.54
								69,524.18	

一つの案として、採掘した鉱石を米国のタコマ鉱山に運んで精錬する案である。この案は、大量の鉱石を海を越えてはるばる米国まで運ぶわけであるから、その輸送費が嵩み、収益を大きく圧迫し、その結果、得ることのできる利益は小さい。

したがって、西沢金山の鉱石は、国内で処分した方が有利であるということで、三菱が兵庫県で経営する生野銀山に売却することになり、当座の探鉱資金を調達してなお余りある利益を獲得したのもこの年である。ちなみに同年下半期、六万七二三四円の純益金を計上し、株主配当年率四割という高配当を記録したのはこの年であった。（表３・表４）

しかし、鉱石を換金するために、大量の鉱石を栃木県から兵庫県まで輸送するわけであるから輸送に要する費用は、金の生産コストを引き上げることになって、「西沢金山探鉱株式会社」の収益の足を引っ張ることになっている。

そこで同社は、自社の精錬施設を建設することを決定し、社債二〇万円を募集するとともに増資して資金を調達し、一九〇九（明治四二）年から翌年にかけて建設した。資本金も増資を重ね五〇万円に達し、一三〇〇人が探鉱・採掘に従事する大金鉱山になっていた。

鉱区と鉱物資源

西沢金山の鉱区は、西沢に四鉱区、湯沢に一鉱区、計五区、その総面積は二六二万七六二三坪（約八七〇ヘクタール）であった。

また、西沢金山の鉱物資源は、次の通りである。

自然金
自然銀（稀）
安銀鉱
輝銀鉱
濃紅銀鉱
輝蒼鉛鉱
黄鉄鉱
白鉄鉱
方鉛鉱
閃亜鉛鉱
黄銅鉱
砒硫鉄鉱
鶏冠石（稀）
雌黄（稀）
輝安鉱（稀）
輝水鉛鉱（極稀）
鉄満俺重石
満俺重石（稀）
石灰重石（稀）
石英
方解石
緑簾石

同鉱山は金銀に加えて、タングステンや蒼鉛と呼ばれるビスマスなどの有用希少金属を大量に産出した。当時、金・銀の他に、鉱石中や精錬してもなお金鉱石に不純物として含まれているタングステンなどの使い道が開発されつつあり、有用かつ高価な金属として注目されつつあったのである。金銀については、その有用性について説明するまでもない。

タングステンは別名「重石」とよばれ、当時は新しい素材として、その利用価値が高く評価されていた。

例えばその使い道は、白熱電灯のフィラメントとして用いられるようになった。一八七八（明治一一）年、エディソンが炭素フィラメントを使った白熱電灯を発明した。白熱電灯の発明により、電灯は広く普及した。白熱電灯の原理は、フィラメントと呼ぶ発光体に電気を通して発熱発光させるものである。エディソンは、その発光体に植物繊維（竹）を蒸し焼きにして作った炭素フィラメントを使用していた。炭素フィラメントの欠点は、余り明るくないばかりではなく、すぐ切れてしまい電灯の寿命が長くないことである。ところがタングステンをフィラメントに用いると、三分の一の電力で炭素フィラメントと同じ明るさの光を発して経済的であった。

また、タングステンをクローム鋼に混ぜてつくった鋼鉄は、極めて硬く高温でも性質が変化しない特性があった。このため、タングステンは高速度で金属等を削る工具をつくるための原材料として用いることができることなどがわかって、その経済的価値が高く評価されていたのである。

ビスマス（蒼鉛）は、鉛に混ぜ合わせる比率を変えると、融点のことなる活字合金等を作ることができたり、また、外科用消毒薬や内科用胃腸の治療薬の原料として用いられたとのことである。

豊富な産出量

西沢金山が操業していた期間の総生産量を推定することは、確かな史料に乏しいことから困難である。しかし、西沢金山がいかに有望な鉱山であったかについては、一八九八（明治三一）年一一月、東京帝国大学工科大学採鉱冶金学部において鉱石の分析を行った記録がある。

それによると金の含有量は〇・四九パーセント、銀については一二・九パーセントの結果を得ている。

金鉱山としては、採掘する鉱石に〇・〇〇一パーセント程度の金の含有量があれば、採算がとれるといわれていたようである。西沢金山の鉱石は、〇・四九パーセントにも及ぶ金とそれをはるかに上回る銀、その他の有用な稀少金属を含有していたのである。（表5・表6）

西沢金山採鉱株式会社設立前の資料としては、一八九七（明治三〇）年一〇月から一九〇二（明治三五）年九月（一部欠落）の間のものがある。その資料によると金銀等の生産額は一〇万四九〇八円であった。また、探鉱会社設立後の資料としては、同鉱山が鉱石のまま兵庫県の生野銀山に売却した内、一九〇八（明治四一）年一二月の一ヶ月間について見てみると六万九五二四円となっている。

八、足尾銅山鉱毒問題の影響

鬼怒川下流域の憂い

一九一六（大正五）年七月現在、鬼怒川流域には西沢金山をはじめ三八の採掘権を持つ鉱山が存在し、すでに西沢金山の他、小規模ではあったが木戸ヶ澤鉱山・小百鉱山・日光鉱山などが操業していた（表七）。

鬼怒川流域の農民達は、足尾銅山の鉱害問題と国におけるその対策を固唾を飲んで見守るとともに、やがて顕在化してくるかも知れない同源流域の西沢金山をはじめとする多くの鉱山の開発にともなって発生する鉱害が、鬼怒川流域にどのような影響を与えることになるのか憂慮していたのである。

当時、鬼怒川の扇状地には四二を超える用水と、一万三七〇〇ヘクタールを超える水田があった（表八）。

当時の平地を流れる鬼怒川は、川幅は現在とほぼ

表７　鬼怒川上流域の鉱山（鉱区）大正５年７月１日現在

所在地			鉱山名
県名	郡名	町村名	
栃木県	塩谷郡	藤原村	豊徳鑛山　高徳鑛山　木戸ヶ澤鑛山　川上鑛山　円山鑛山　高田高徳鑛山　玉ヶ澤鑛山
		栗山村	西澤金山　栗山鑛山　日向鑛山　野門鑛山　三栄鑛山
		三依村	三依鑛山　芹澤鑛山　五十里鑛山
		玉生村	大名澤鑛山　高人馬鑛山　釜ノ澤鑛山　天上澤鑛山　円山鑛山　バテラ鑛山　高山鑛山　寺島鑛山
		船生村	幸鑛山
		船生村 玉生村	天頂鑛山　野州鑛山　玉船鑛山
		船生村 玉生村 大宮村	日光鑛山　大正鑛山
	塩谷郡 上都賀郡	栗山村 日光町	川俣中澤鑛山
	河内郡	篠井村	篠井鑛山
		豊岡村	小百鑛山
		羽黒村	宮山田鑛山
		羽黒村 篠井村	大篠鑛山
	河内郡 上都賀郡	大沢村 國本村 城山村 落合村	猪倉鑛山
	河内郡 上都賀郡	豊岡村 今市町	豊岡鑛山　東照鑛山
	上都賀郡	今市町	大井鑛山

＊「西澤等の各鉱山と鬼怒川の将来」大正６年７月５日発行より

同じであるが、川底が著しく浅かった。

その扇状地は、西沢金山をその地域に含む日光火山群が浸食されて流し出した土砂が堆積して形成されているものである。扇状地を流れる河川は、扇状地特有の性質を持つ。つまり扇状地河川は、上流から流れてくる土砂の堆積運搬が活発に行われるため、絶えず川筋が移り変わって安定しないということである。

したがって、河川改修などが進んでいなかった当時の鬼怒川は、小さい洪水の時でさえも濁流が堤防を襲い、堤防決壊の危険にさらされていたのである。高度成長期に盛んに行われた河川砂利の採取や河川改修工事により変貌した現在の鬼怒川から昔の鬼怒川の姿を想像することは難しい。

しかし、鬼怒川が現在の姿になったのは、太平洋戦争後、積極的に行われ

表８　鬼怒川流域における用水とその潅漑面積（大正５年頃）

用水名	潅漑面積 町	反	畝	歩	用水名	潅漑面積 町	反	畝	歩
平作堀用水	39				草川	840	6	8	29
明治堀用水	45				富野岡用水	20			
風見用水	174	3	5	12	草川用水	325	6	3	8
高間木用水	11	8			大中用水	19	6	3	8
逆木用水	1,720	7	7	19	氏家用水	277	4		9
小室用水	11	2			石末用水	198	5	3	25
新堀用水	31	5			釜ヶ淵用水	197		8	24
上小倉用水	127	9	5	26	上河原用水	14			
古用水	212	1	4	11	板戸用水	66	7	6	6
中小倉用水	54	8	5	20	石井川用水	437	7	1	14
御用川用水	472	5	4	9	十一字用水	179		9	13
上田川用水	28	1	2	14	四ヶ字用水	88	6	6	22
西芹沼用水	52		3	14	飛山用水	97	7	3	17
東下ケ橋用水	28	8	2	14	石法寺用水	26	3	3	28
西下ケ橋用水	75	6	3	13	桑島新田用水	47	5		
九郷半用水	574	3	9	9	五斗内用水	67	5		29
岡本新田用水	51	5	6	9	木ノ代用水	190	8	4	23
根川用水	248	7	3	8	勝瓜用水	500	4	9	22
下小倉用水	208	6	8	9	大井口用水	1,277	1	7	13
東芹沼用水	33	8	4	29	吉田用水	1,356		5	15
市ノ川用水	1,670	7	3	5	江連用水	1,651	1		29
合計　13,753町1反7畝24歩									

＊「西澤等の各鉱山と鬼怒川の将来」小林利喜造他　大正６年７月５日発行

た河川改修事業により堤防が大きく堅固なものになり護岸が整備されたこと。また都市整備・道路鉄道建設などインフラを構築するために膨大な量の河川砂利をセメントコンクリートの骨材資源として採掘して、首都圏の建設現場へ供給したことによって川底が著しく低下したことによる。鬼怒川の砂利の品位は、コンクリート骨材として高い評価を得ていたところから、首都圏から遠く隔たっていてもなお、多くの需要があったのであるのである。

加えて上流域に砂防ダムや治水、利水、発電などを目的とする大規模なダム群が建設され山地から流れ下る土砂を堰き止めたことも鬼怒川の川床の低下の大きい要因になっている。

また、土地改良事業の一環として、夏場の灌漑シーズンに安定した用水を水田に供給するため四二の取水口を、佐貫・

岡本・勝瓜の三つの頭首工（用水の取水施設）を次々に建設して統合し、鬼怒川の洪水時の流れを安定させた。従前の用水の取水方法は、次の通りである。

各用水の取水口は、用水を必要とする農民が出役して、河川を横断するような堰を竹木や礫を詰めた空俵などを用いて築いて鬼怒川をせき止め、それぞれの用水口へと水を導いていたのである。竹木や河原の土石を材料として築く堰は、洪水のたびに破損し、用水路は土砂で埋没し、その都度、農民が出役して、堰や用水路の補修復旧を行っていた。しかし、この方法による用水の取り入れは、農民に重い負担を課し、用水を取り入れるばかりではなく、洪水まで取り込んでしまうかも知れないほど危険を伴うものであった。

当時、鬼怒川流域において水田を営む人々は、年々深刻さを増している足尾銅山の鉱害問題に注目し、鬼怒川源流域における鉱山開発、わけても世界に名を轟かせていた西沢金山の開発の動向によっては、やがて鬼怒川流域にも足尾銅山の鉱害問題と同じような問題が発生するのではないかということについて、大変憂慮していたのである。

渡良瀬川流域の鉱害対策

鬼怒川源流域の鉱害を述べるにあたり、当時すでに大きな社会問題になっていた足尾銅山の鉱害問題について見てみることにしよう。

足尾銅山の鉱害は、煙害と鉱毒による害に分類できる。

煙害とは、黄銅鉱を精錬する際に発生する高濃度の亜硫酸ガスを含んだ煙による害である。煙害のために渡良瀬川の源流域の草木が枯死し、森林が失われたためその保水機能が機能しなくなり、山肌はむき出しとなり、雨が降るたびに大量の土砂が流れ出し、渡良瀬川の川底に堆積して洪水の流れを著しく阻害していた。

鉱毒による害とは、鉱滓になお微量含まれる銅やその他の重金属が水に溶け出して魚類などの水棲生物や土壌汚染を通じて水稲などの生育に与える影響である。渡良瀬川流域では、一九〇二（明治三五）

年以前、とりわけ農業や漁業に、鉱毒による深刻な影響が出ていた。渡良瀬川の魚類は大量に死に、川から用水を引いて潅漑していた水稲は広範囲にわたり著しい生育不良から収穫が減少するなど農民が打撃を受けて、深刻な社会問題になっていたのである。

一九〇二（明治三五）年九月の足尾台風災害は、渡良瀬川流域や鬼怒川流域に未曾有にして甚大な災害をもたらした。とりわけ渡良瀬川流域においては、足尾銅山の鉱害、特に製錬所から排出される亜硫酸ガスを含む煙が、源流域の草木に深刻な打撃を与え、全山の草木が枯死したため、山の傾斜面の地表は裸地となり、雨が降るたびに表土が流れ出し、激しく浸食されていたところ、足尾台風の豪雨は、荒廃した足尾の山地をさらに激しく浸食し、大洪水と共に流れ出した。そして、流れ出した土砂は、下流の氾濫原の川底を浅くして、各地で堤防を決壊して耕地などに氾濫した。

鉱毒は、この時までに足尾銅山から流れ出して耕地に堆積して作物に深刻な影響を与えていたが、この大洪水が足尾山地を浸食して運んだ大量の土砂は、既に堆積している鉱毒を厚く覆って、鉱毒の影響を緩和したと伝えられている。

しかし、この洪水により鉱毒の影響が全く解消したわけではなかった。この洪水は、渡良瀬川が合流する利根川など下流域に存在する我が国有数の穀倉地帯を鉱毒で汚染し、鉱毒被害が著しく拡大するかもしれないことを強く感じさせるものであったのである。かといって、我が国に貴重な外貨をもたらす足尾銅山を閉山させることは、当時の国の内外の情勢から見て、国益を大きく損なうことであった。

この洪水は、渡良瀬川を含む利根川水系の治水計画に大きな転機をもたらすものであった。

渡良瀬川の源流域である足尾山地が荒廃したことによって、渡良瀬川の洪水は激しいものになっていた。足尾銅山の煙害により、緑のダムとも例えられる渡良瀬川源流域の森林が失われて、全山が荒廃していたのである。その結果、同源流域からは、雨が降るたびに大量の土砂が渡良瀬川に流れ込み、下流に流れ下っては堆積して、川底を浅くしていた。

そこで渡良瀬川下流域の堤防を堅固なものにする

ことは勿論であるが、渡良瀬川の洪水被害を軽減するためには、洪水の流れをよくするために蛇行して流れる川筋を整える必要があった。

そこで政府は、当時栃木県藤岡町の台地を大きく迂回蛇行して栃木県と群馬・埼玉県の県境を流れていた渡良瀬川を、栃木市藤岡町の台地の狭窄部を掘り割って捷水路（ショートカット）を設けて、当時台地の東側に存在した赤麻沼等の沼沢地に直接、渡良瀬川の洪水を注ぎ、赤麻沼等の沼沢地や谷中村そして埼玉県北埼玉郡利島・川辺村（現在の加須市北川辺町）などの広大な空間に洪水を遊水させて、渡良瀬川の洪水が利根川の洪水に与える影響を軽減させると同時に、鉱毒物質が下流域に拡散することを防止するために鉱毒を沈殿させるための空間、渡良瀬遊水地を創設することにしたのである。ちなみに、この計画に基づき藤岡町の台地に掘られた渡良瀬川の捷水路は、現在、東武日光線の橋梁が架かる渡良瀬川である。

この治水計画は後に、とりわけ反対運動の激しかった利島村や川辺村（現加須市北川辺町）の地域を、遊水地計画から外すことで実施されることになった。谷中村などを渡良瀬川の遊水地とする治水事業は、その地域の住民が他の地域への移住を強要することになった。彼らは補償金で周辺の台地上に農地を求めたり、遠く北海道に新天地を求めて移住したが、北海道へ移住した人々の一部は、厳しい自然環境での開拓に夢を打ちひしがれて、故郷に帰った人達もいたと聞く。

鬼怒川流域住民、鉱毒対策に動く

一九〇二（明治三五）年九月、足尾台風がもたらした災害は、渡良瀬川源流域にとどまらず鬼怒川流域にも甚大な災害をもたらした。当時、まだ西沢金山開発にともなう鉱害などの顕著な問題は存在しなかったと思われるにもかかわらず、足尾台風が鬼怒川流域にもたらした大水害は重大かつ深刻であった。すなわち鬼怒川においても塩谷郡氏家町大字押上、河内郡本郷村字上郷、同郡穂積村桑島など各地で堤防を決壊して大氾濫し、未曾有にして甚大な災害をもたらして、流域の人々の鉱山開発にともなう問題に対する注意を呼び覚ましたのである。

一九一六（大正五）年の頃と思われる。ついに鬼怒川下流域の住民の栃木県参事会員小林利喜造、下都賀郡絹村村長関根定吉、野島幾太郎の三名は行動を起こした。彼らは、西沢金山の現地視察を行ったのである。

その結果を論文「西沢等の鉱山と鬼怒川の将来」にまとめて、鬼怒川源流域における鉱山開発に関する諸問題を鬼怒川下流域の人々に訴えたのである。この訴えのなかで、彼らが最も憂慮していたのは、金鉱石の採鉱にともなって、鬼怒川の源流域の森林が荒廃し、下流域に大規模な土砂災害がもたらされはしないかということであった。

すなわち、鬼怒川下流域の有識者達は、その源流域における鉱山開発に伴って発生する鉱害が源流域を著しく荒廃させ、渡良瀬川流域における足尾鉱毒問題のような重大な事態が鬼怒川下流域にも影響を強く及ぼし、その結果として鬼怒川下流域の人々が渡良瀬川流域の人々と同じ運命をたどることを深く憂慮していたのである。

しかし、鬼怒川下流域の農民の憂慮も、西沢金山の急速な衰退により、大きい社会問題になることなく終わったようである。

西沢金山衰退の理由については、次のことがらが考えられる。

鬼怒川下流域水田地帯の農民達は、鬼怒川の源流域の西沢金山が繁栄することによって、足尾銅山が存在する渡良瀬川流域のような鉱毒問題が鬼怒川流域においても起こり得ること。また西沢金山の金の採掘量が年々減少傾向にあることから、金を採掘し続けてもたらされる利益と金の採掘を継続して足尾銅山のように西沢金山が鬼怒川下流域におよぼすであろう負の要素を比較考量した結果、同金山を維持することは困難であると判断されて同金山は閉じられることになったものと考えられる。

九、西沢金山の終末

まれにみる高品位の金鉱石を産出することでその名を世界に轟かせ、その最盛期には一三〇〇人の鉱山従事者が働いていた西沢金山であるが、その輝かしい存在を現在に伝える史料は極めて乏しい。

同金山がどのような終末をたどったのか明らかではないが、鉱業原簿などによりその足跡をたどると次の通りである。

一九一六（大正五）年五月、西沢金山探鉱株式会社は「西沢金山株式会社」と商号を変更している。一九二一（大正一〇）には、西沢金山の動力源として設置された同社の菖蒲ヶ浜第二発電所は、奥日光地域における電力の地域配電をはじめている。翌一九二二（大正一一）年四月、西沢金山株式会社は「下野電力興業株式会社」と商号を変更した。一九三〇（昭和五）年一一月、同菖蒲ヶ浜第二発電所は、菖蒲ヶ浜電力の経営するところとなった。一九三二（昭和七）年には、西沢金山の鉱業権は日光鉱業株式会社に移り、さらに日本鉱業株式会社に移転し、一九七二（昭和四七）年六月、西沢金山の鉱業権は同社により放棄されて消滅し、鉱業原簿が閉鎖された。

これらの経緯を見ると、同金山は一九二一（大正一〇）年頃から経営不振となり休鉱した。そして昭和期に入り、ゴールドラッシュの夢覚めやらぬ人々によって再開の努力が払われたが振るわず、永い休鉱の期間を経た後、鉱業権が放棄され廃鉱になったものと考えられる。

西沢金山開発の功労者である高橋源三郎は、幕末に生まれ、近世から近代へ、また一九世紀から二〇世紀へと、時代の大きなうねりの中を生きた。また彼は、殖産興業・富国強兵の国策に共感し、三三歳で西沢金山の開発に身を投じ、波瀾万丈の人生を送った。そして彼は、あたかも彼が情熱を傾けて育て世に出した西沢金山の生涯を見届けたかのごとく、一九二三（昭和三）年一〇月一六日、生涯を閉じたのである。享年六八歳であった。

第三部　足尾銅山・渡良瀬遊水地成立および西沢金山年譜

足尾銅山・渡良瀬遊水地成立および西沢金山年譜

西暦	和暦	月日	出来事
一五五〇	天文19年		足尾銅山が発見されたとの伝えがある。
一五九〇	天正18年	6月28日	豊臣秀吉、武蔵国江戸を徳川家康の城地と定める。
		7月13日	秀吉、関東八国を家康に付与する。
		8月1日	徳川家康(49)、江戸城に入る。入城後、江戸城下は旬日(一〇日)を経ずして利根川の洪水に襲われる。
一五九四	文禄3年		伊奈備前守忠次(41)。 会の川(利根川の古称の一つ)流頭を締め切り、羽生市上新郷のあたりから南流していた利根川を東方に振り向ける(徳川家による利根川東遷事業のはじまり)。この当時利根川はまだ、江戸城直下で江戸湾に注いでいた。
一六〇〇	慶長5年	9月15日	関ヶ原の戦い。
一六〇一	慶長6年		徳川家康、後藤庄三郎光次に命じ全国流通を前提とした『慶長小判』の鋳造を命じる。
一六〇三	慶長8年	2月12日	徳川家康(62)、征夷大将軍になる。
一六〇五	慶長10年	4月16日	徳川秀忠(27)、征夷大将軍になる。
一六〇六	慶長11年		銅銭『慶長通宝』、江戸幕府により発行される。

西暦	年号	月日	事項
一六〇八	慶長13年		永楽通宝の使用を禁ずる法令を幕府が出す。
	慶長15年	6月13日	関東郡代伊奈備前守忠次(61)没し、嫡男筑後守忠政(26)が継ぐ。足尾銅山を備前国(岡山県)からやって来た百姓の治部(じぶ)と内蔵(くら)が開発したとの伝承がある。
一六一四	慶長19年	10月1日	大坂冬の陣始まる
一六一五	慶長20(元和元)年	4月6日	大坂夏の陣始まる
		5月8日	豊臣秀頼(23)、淀君(49)自殺する。
		7月13日	改元「元和」
一六一六	元和2年	4月17日	家康(75)没。
一六一八	元和4年	3月10日	関東郡代伊奈忠政(34)没、その弟忠治(27)が継ぐ。
一六二一	元和7年		新川通を開削。 **新川**＝利根川の一部で埼玉県加須市佐波・麦倉から旗井までの4㎞の区間 赤堀川の開削をはじめる。 **赤堀川**＝利根川の一部で茨城県古河市中田と同県猿島郡五霞町との間を流れる約7キロメートルの区間 当時、利根川はまだ江戸湾に注いでいた。
一六二三	元和9年	7月27日	徳川家光(19)、征夷大将軍になる。
一六二四	元和10(寛永元)年	1月21日	老臣連署の令(日光山造営法度1~3)を日光山御宮造営の総奉行に任命した松平右衛門大夫正綱及び秋元但馬守泰朝に対して下す。

一六二六	寛永3年	2月30日	改元「寛永」
			寛永通宝を鋳造する。 　常陸水戸の富商・佐藤新助が江戸幕府と水戸藩の許可を得て鋳造したのがはじまり。しかし、このときはまだ正式な官銭ではなかった。
一六二九	寛永6年		利根川から荒川を熊谷市久下で分離する。
			鬼怒川と小貝川を分離する。 　その目的は、大木丘陵を開削して鬼怒川を常陸川に注ぎ、鬼怒川の洪水を藺沼や常陸川筋に遊水させ、鬼怒川と小貝川を分流した地点から下流のもとの鬼怒川の氾濫原の開発を図る。
一六三二	寛永9年	1月24日	秀忠(54)没。
一六三四	寛永11年		日光山（東照宮など）の大造替に着手する。
一六三五	寛永12年		江戸川開削。その目的の一つは北関東江戸間の水運を維持するため。
一六三六	寛永13年	4月	日光山大造替完成を見る。
		6月	幕府が『寛永通宝』の鋳造開始する。江戸橋場と近江坂本に銭座を設置、公鋳銭として寛永通宝の製造を開始する。
一六五一	慶安4年	4月20日	家光(48)没。
一六五三	承応2年	6月27日	関東郡代伊奈忠治(61)没、嫡男忠克(36)が継ぐ。
一六五四	承応3年		赤堀川通水。これにより利根川は鬼怒川の支川の一つであった常陸川に接続して香取海を経て銚子で太平洋に注ぐことになった。
一六六五	寛文5年	9月22日	関東郡代伊奈忠克(48)没。

西暦	和暦	月日	事項
一七六九	明和6年		ジェームス・ワット、蒸気機関を発明する。蒸気機関は産業革命の原動力となる。
一八〇〇	寛政12年		伊能忠敬（55）、奥州街道から蝦夷地を測量して実測図を作る（第一次測量）。
一八一四	文化11年		ジョージ・スチーヴンソン、蒸気機関車を製作する。
一八一五	文化12年	2月	伊能忠敬（70）、江戸府内の第一次測量（第九次測量）。
一八一六	文化13年		伊能忠敬（71）、江戸府内の第二次測量（第十次測量）。
			伊能忠敬、『大日本沿海輿地全図』の作成に取りかかる。
一八一八	文政元年	4月13日	伊能忠敬（73）没。
一八二四	文政7年		イギリスのストックトン～ダーリントン間に鉄道が開通する。スチーブンソン発明の蒸気機関車が走る。
一八二八	文政11年	8月10日	これよりさきシーボルト帰国のため出帆し暴風雨に合い長崎に引き返す。この日幕吏が行李を臨検して禁制品を発見する。 **シーボルト**＝ドイツに生まれ、オランダ商館医として一八二三年に来日。長崎に私塾を開き日本の医学の発展に貢献した。禁制品の我が国の地図などの持ち出しが発覚し、いったんは国外追放になったが、再来日して幕府の外交顧問になった。著書『日本』は当時の日本を知る最高の研究書と評価されている。 （「日本経済新聞」一九九二年11月18日）
		12月18日	幕府、シーボルトを出島に幽閉し、高橋景保・土方玄碩・吉雄忠次郎ら三八名を投獄する（シーボルト事件）。

西暦	和暦	月日	事項
一八三〇	天保元年		アメリカに最初の鉄道がボルチモア〜オハイオ間に開通する。このころよりアメリカ産業革命が進展。
一八三二	天保3年		フランスのポライト・ピクシーによって現在の仕組みの発電機が発明される。
一八三五	天保6年		モールス、有線電信機を発明する。
一八四一	天保12年	11月3日	田中正造、下野国安蘇郡小中村に生まれる。
一八四三	天保14年	6月	イギリスによる香港の植民地統治がはじまる。
一八四五	弘化2年	5月	日光四本龍寺金剛童子に『西沢金山』の繁盛を祈願した護摩札が奉納される。 **西沢金山跡**＝鬼怒川の支川門森沢の支流西沢に存在する。
一八四八	嘉永元年		アメリカ合衆国カリフォルニア州に金鉱が発見される。ゴールドラッシュ。
一八五七	安政4年	7月27日	工学博士渡辺渡、生まれる。
一八六〇	万延元年	9月12日	西沢金山再開発の功労者である高橋源三郎、日光町五二三番地に生まれる。
			九龍半島がイギリスに割譲される。
一八六八	慶応4年	7月17日	江戸を東京と改称する。
			田中正造(27)、投獄される。翌年に出所する。
		9月8日	明治と改元。

西暦	和暦	月日	出来事
一八七〇	明治3年		田中正造(29)、江刺郡花輪支庁（現・秋田県鹿角市）の官吏になる。
一八七三	明治6年		岩倉使節団、西欧からの帰途イギリスの植民地であった香港を訪れる。当時の様子が『米欧回覧実記』に記されている。
一八七四	明治7年		田中正造(33)小中村に戻りこの年から明治九年まで、隣村の石塚村（現・佐野市石塚町）の造り酒屋蛭子屋の番頭を務める。
一八七六	明治9年	12月30日	足尾銅山の経営権、古河市兵衛・志賀直道に移る。ただし、志賀直道は相馬家の執事として表面上の名義人であったに過ぎないといわれる。 ベル、電話機を発明する。
一八七八	明治11年		田中正造(37)、区会議員として政治活動を開始する。栃木新聞（現・下野新聞）創刊される。 エディソン、炭素フィラメントを使った白熱電灯を発明する。
一八七九	明治12年		渡良瀬川のアユが大量死する。原因は分からず。 田中正造(38)、栃木新聞の編集長になり、国会の設立の必要性を訴える。また嚶鳴社や交詢社に社員として参加する。 イギリスのウィリアム・アームストロングが自家用の水力発電機を発明する。
一八八〇	明治13年		田中正造(39)、栃木県会議員になる。
一八八一	明治14年	5月	足尾銅山、鷹の巣の直利（富鉱帯）に切り当たる。
一八八二	明治15年	4月	立憲改進党立党される。

西暦	和暦	月日	事項
一八八三	明治16年	12月	田中正造(41)、立憲改進党に入党する。
			足尾銅山、本坑口横間歩大直利（大富鉱帯）を発見する。
		8月25日	ユエ条約。フランスがベトナムに保護権を認めさせる。
			フランスが（仏領）ソマリランドの植民地経営を開始する。
一八八四	明治17年	8月26日	清・フランス戦争（～1885）始まる。
		10月7日	古河市兵衛の本所区柳原の鎔銅所の反射炉一座に火が入れられる。
			「草倉銅六百貫を精製し、続いて完成した二座と併せて、日産能力約十五トン、操業開始の十月中の処理量が草倉二十九トン、足尾銅百三トン、製出精銅百十七トン余が操業時の本所鎔銅所の姿であった。日光電気精銅所に継承されていく古河の精銅業はこうしてスタートした」（『創業一〇〇年史』古河鉱業）
			「古河市兵衛、東京本所において精銅事業を創始する。同じ頃、山田与七が横浜高島町で電線製造事業に工夫を凝らしていた。このふたつの流れが密接に絡み合いながら成長し、合流して古河電気工業になった」（『創業一〇〇年史』）
			「足尾銅山の産銅量、一挙に前年の三・五倍に増大し、別子銅山を抜いて全国第一位の産銅量に達し、古河の産銅量も、以後三十三年頃までの約十五年間、全国の産銅の三～四割を占めるようになった。こうして銅山王と称された古河市兵衛の地位は揺るぎないものになり、古河家の鉱山業は飛躍をとげて行った」（『創業一〇〇年史』）
			イギリス、（英領）ソマリランドに保護権を獲得する。

西暦	和暦	月日	事項
一八八五	明治18年		ドイツ、(独領)西南アフリカ及び東アフリカの両植民地を領有する。
			ベルギー、「コンゴ協会領」を成立させる。
		1月	スーダンのマフディー反乱軍がイギリス鎮圧軍を破り、独立国家を形成する。
		4月16日	足尾の山林の荒廃の直接的な原因であるといわれる大規模な山火事が発生する。山焼きの火が延焼拡大したことが原因。
		6月9日	天津条約結ばれる。清仏戦争終結し、フランスが安南とトンキンに保護権を獲得する。
		7月16日	東北線、大宮、宇都宮間で開業する。
		8月17日	渡良瀬川のアユが大量死する。この事実について朝野新聞が最初に報じるが、足尾銅山が原因かも知れないというような、曖昧な表現にしている。
		10月31日	下野新聞が前年ころから足尾源流域の木が枯れ始めていることを報じる。
		11月30日	ドイツ、マーシャル諸島を領有する。
			田中正造(44)、加波山事件に関与したとの嫌疑により逮捕される。
			ドイツとイギリス、ニューギニア東部を南北に分割する。
			足尾銅山、四〇〇〇トンを産出し、このころより赤倉付近の草木に煙害を及ぼし始める。
一八八六	明治19年	1月1日	イギリスがビルマを併合する。

西暦	和暦	月日	事項
		4月1日	田中正造(45)、同日開会の第13回臨時県会で議長に当選する。
		6月24日	有志が日光鉄道の建設を請願。(「明治二〇年代の日光」日光市教育委員会)
		9月	古河市兵衛の本所区柳原の鎔銅所に溶鉱炉一座が設けられ、第一機械所としてイギリス製ルーツ式馬力汽缶と送風器、磨砕器が付設された。「反射炉操業が安定すると鎔銅所は直ちに関連設備の充実に乗り出した。反射炉では含金銀銅の分収が出来なかったので、精銅工程で生じる熔滓の再利用によって実収率を高めていく必要があった」(「創業一〇〇年史」)
		11月	「足尾銅山の相馬家持ち分を十二万円で回収して相馬家との組合契約を解除する」(「創業一〇〇年史」)
一八八七	明治20年	4月	晃嶺学舎が日光尋常小学校と改称される。
		4月	小杉放菴、日光尋常小学校に入学する。
		10月17日	フランス領インドシナ連邦成立する。
		11月	東京電灯会社、配電を開始する。「東京市日本橋区南茅場町に建設した火力発電所から、付近の会社に電灯用配電を開始する。発電機は出力二五キロワットのエジソン直流発電気一台、直流二百十ボルト三線式で、発電所から極近距離にしか送電できなかった」(「水政策総覧1985」日本河川調査会)
一八八八	明治21年	5月	両毛線、小山駅と足利駅間で開業する。
		6月	足尾銅山、渋沢栄一の持ち分を四〇万円で回収して組合契約を解除する。足尾銅山は名実ともに古河家の事業になる。

		10月	ドイツ、アナトリア鉄道の建設開始。のちにバグダード鉄道に発展する。
			細尾—日光間に馬車軌道が完成、銅やその他の荷物を運ぶ。
			アメリカのアスペン鉱山で出力一五〇馬力（一馬力＝六三六ワット）の水力発電所が稼働する。（「水政策総覧1985」）
一八八九	明治22年	4月1日	谷中村成立。 　町村制が施行されて栃木県下都賀郡下宮村・内野村・恵下野村が合併して谷中村となる。
			ロンドン市場における我国産の銅の評価 「ロンドン領事館報告によると『精錬未精錬の区別あり或いは同種同印の品にても時々品質を異にするをもって其価格自ら一様ならず』といわれていた。品質の不安定による価格の不利が日本銅の輸出業者にとって重大な問題であったことは言うまでもない（「創業一〇〇年史」）
一八九〇	明治23年	8月	日光線（現JR日光線）宇都宮、日光間で開通する。
		8月	渡良瀬川大洪水。
		10月	足尾産の銅、神子内地蔵坂〜細尾間に架設された細尾鉄索により細尾まで輸送される。
		12月	我国初の水力発電所・栃木県足尾銅山の間藤原動所が稼働する。

一八九一

明治24年

5月

「間藤原動所はドイツのシーメンス社の設計で、四〇〇馬力の横軸水車と三台（揚水用としては直流四百五十ボルト八十馬力、巻き上げ用として直流二百二十ボルト二十五馬力、電灯用として直流六馬力）の発電気を設置した。これは我国の鉱山電化の端緒である」（「水政策総覧１９８５」）

田中正造(49)、第一回衆議院議員総選挙に出馬して初当選する。

渡良瀬川に大洪水があり、その源流域にある足尾銅山から流れ出した鉱毒により稲が立ち枯れる現象が流域各地で確認され、騒ぎになる。

足尾全山輪伐区を拡大。

シベリア鉄道起工。

足尾銅山でベセマ煉銅法が塩野門之助を中心に研究される。「ベセマ煉銅法は明治十六年に実用化されたばかりの最新技術である。この技術は従来の方法に比較すると製煉所所用日数（粗銅から精銅までの煉銅工程所用日数）は真吹法に比べると三十二日から二日に、一日一炉処理量は約四倍に増大し、煉銅能力の隘路が解消されるとともに、粗銅品位が九十八～九十九％に上昇した」（「創業一〇〇年史」）

田中正造(50)、鉱毒の害を視察し、第二回帝国議会で「足尾銅山鉱毒加害の儀に付質問書」を提出。

足尾銅山、鉱毒予防工事施工命令により、鉱業所・道路・軌道・建物保護などの砂防工事を行う。

下野銀行が設立される。設立には矢板武が関与。

西暦	和暦	月日	事項
一八九三	明治26年	春	栗山村川俣の村民一七名が西沢金山を再発見、採掘を出願する。
		7月	矢木沢半四郎が高橋源三郎(33)に、西沢金山再発見の報をもたらす。
		8月23日	高橋源三郎、西沢金山の実地踏査を行う。 彼はこの日から三日間、実地踏査し、巨大な鉛の露頭を発見、早速村民に即金四百円、成功金千円の条件で全山の売買契約を締結する。彼は標本を携えて上京し、大島高任に鑑定を依頼する。鑑定の結果は、露頭は掘り進むとまもなく鉱脈は尽きるであろう、とのことであった。
		10月	日光電力会社が大谷川に日光発電所(出力三〇〇キロワット)を竣工させ日光町へ電灯供給開始。(「東京電力三〇年史」) 日光電力会社が、大谷川に発電所(一般市販用としては京都、箱根についで日本で第三番目に設置、現日光所野第一発電所)。(「利根川流域の流出に関する考察」科学技術庁資源調査所) 日光停車場から細尾峠下までの間に一名牛トロといわれた軽便馬車鉄道が敷設される。細尾・日光電気精銅所間の輸送はこれによった。
一八九四	明治27年	3月	高橋源三郎(34)、雪解けを待って西沢金山の探鉱を開始する。その結果、旧坑を発見する。
		8月1日	日本、清国に宣戦布告する(日清戦争)。
一八九五	明治28年	1月	ロシア・フランス同盟公表される。
		2月2日	威海衛占領する。
		2月20日	軍事費1億円追加案提出する。

3月20日	馬関で日清講和談判開始する。
3月24日	清国全権李鴻章狙撃事件起る。
3月25日	イタリア・エチオピア戦争（～1896）起こる。
3月30日	日清講和条約調印する。
3月23日	ロシア・ドイツ・フランス三国日本に遼東半島還付を勧告する。
4月17日	下関条約調印。日清戦争終結し、日本が台湾・遼東半島を割譲させる。
4月23日	三国干渉。日本、遼東半島を放棄。
8月	「古河市兵衛、小田川全之を渡良瀬川に、宮原熊三と長義三郎を鬼怒川の支流大谷川に派遣して水利関係の調査を進める。その結果、同年末までに、大谷川流域に発電所を設ける方針が固まる。分銅・製線工場の用地を求めるとすれば、日光に将来性があったためである」（「創業一〇〇年史」）
	栃木県議会、鬼怒川・那珂川・渡良瀬川治水建議書を知事に提出。
	フランスが安南鉄道の雲南延長権及び雲南・広東・広西での鉱山採掘権を獲得する（雲南条約）。
	イギリスとロシアがインド・パミール国境を定め、ワッハン回廊を設置。東トルキスタンでは新彊省を中立地帯とする。
	高橋源三郎(35)、西沢金山で有望な鉱脈を掘り当てる。しかし、独自の精錬技術を持たず、採掘した金鉱石を引き受ける相手が見つからないため、資金繰りに困る。人夫の数は四十余名。勝海舟に千二百円で

西暦	和暦	月日	事項
			売却の約束をしていた土地を五千円で買うという相手に売却して資金不足を補う。
一八九六	明治29年	1月9日	衆議院で遼東半島還付に関する内閣弾劾上奏決議案否決される。
		1月	「古河市兵衛、日光に「針金・板金」の大工場を建設することを前提に、本所鎔銅所で約四万円を費やして銅線の製造を行うこと、日光の工場は足尾の起業投資が一段落した後に本格的な建設にはいることなどの抱負を、木村長七に宛てた手紙に述べる。この方針に基づいて、市兵衛は大谷川の水利権の確保、工場及び発電所用地の選定、買収を指示し、清滝など有力候補地の地主との交渉を進めるよう命じる」(「創業一〇〇年史」)
		2月	フランス、スーダンに派兵する。
		3月14日	陸軍四個師団増設を公布する。
		3月	イギリス・エジプト連合軍、スーダンに侵入する。
		4月	木村長七から古河市兵衛に対して、日光の大谷川の発電所建設予定地について報告がある。 「発電所建設予定地は3カ所。第一発電所は横手付近に設けて足尾の動力源とする。第二発電所は後の別倉発電所の位置にあたり、第三の候補地として日光清滝付近の丹勢山と地蔵下にまたがる一帯を予定地に確保し、第二発電所に接近する地に分銅工場と製線工場を設ける計画になっていた」(「創業一〇〇年史」)
		4月	河川法制定
		5月1日	日本・ロシア議定書調印（ソウル)。朝鮮に両国軍隊の駐留権を認める

5月6日	高橋源三郎(36)の西沢金山の自家製錬所、完成する。
6月9日	山県・ロバノフ協定成立する(韓国に関する日露議定書)。朝鮮における両国平等の権利を承認。
7月21日	渡良瀬川洪水。
8月17日	渡良瀬川洪水。
8月18日	フランス、マダガスカル島を併合。
8月	高橋源三郎、精錬した金塊を携えて上京、勝海舟を訪れる。勝海舟の助言により金塊を造幣局に預け入れたところ一週間後、千五～六百円の金貨となって戻ってくる。
9月8日	下野銀行日光支店、同町中鉢石町に開設される。
9月8日	渡良瀬川洪水。
9月	ロシア・清秘密条約調印。ロシアが東清鉄道の敷設権を獲得する。
11月	高橋源三郎、下野銀行頭取矢板武の紹介で子爵品川弥次郎に面識を得る。
11月	古河市兵衛の日光大谷川の発電所建設計画、逓信大臣宛てに発電所設立願が提出される。日光にも電灯事業が起こり、中禅寺登山鉄道の計画などがあったため、大谷川の水利権を早期に確保する必要があった。
12月	高橋源三郎、品川子爵の紹介で相談相手工学博士渡辺渡を得る。 **渡辺渡**＝鉱山局長時代、欧米に派遣され、帰国後東京帝国大学教授になり工学博士。同大学工科大学長兼教授。安政四年七月二十七日生まれ。

年	年号	月日	事項
一八九七	明治30年		田中正造（55）、帝国議会で鉱毒問題に関する質問を行い、群馬県邑楽郡渡瀬村（現・群馬県館林市）の雲龍寺で演説を行う。
		3月2日	春、西沢金山横領の陰謀が図られる。
			足尾銅山鉱毒被害民代表四県八百余名が上京陳情する。被害民のこのような行動を「押し出し」と呼んだ。
		3月24日	足尾銅山鉱毒事件調査委員会が設置される。委員には古市公威（内務省土木技監）ら一六名が任命される。
		3月	農商務大臣榎本武揚、鉱毒問題視察。
		4月15日	第一次鉱毒調査委員会第一回報告。「渡良瀬川流域地方ノ農作物ニ鉱毒ノ存在スルヲ認ム」
		4月28日	第一次鉱毒調査委員会第二回報告。「鉱毒ノ原由物ノ置場ヲ定メ石垣又ハ煉瓦等ノ障壁ヲ以テ之ヲ支フベシ」
		5月3日	第一次鉱毒調査委員会第三回報告。「鉱毒被害地ハ三種トス。一　洪水ノ為堤防破壊ニ伴ヒタルモノ。二　洪水ノ節浸水ニ依ルモノ。三　かんがい水ニ依ルモノ」
		5月12日	第一次鉱毒調査委員会第三回報告。 「本件ハ委員会ニテ否決セリトイエドモ小数者ノ請求に依リ上申ス 本官モ時宜ニ適スルト認ムルニヨリ其ノ趣旨ノ採用ヲ希望ス 緊急決議案（坂野・長岡提出） 一　完全ナル予防ノ設備竣工迄一時鉱業ノ全部若ハ一部（即チ云々）ノ停止ヲ命スル必要ヲ認ム

	理由、実地ヲ臨見スルニ主務省予防設備命令セントスルニ当リ現在無責任ニ甚シク鉱毒ヲ伝播増加スルノ行為著シク一日モ猶予シ難キニアリ」
5月18日	第一次鉱毒調査委員会第四回報告。 「一．鉱毒ノ人身ニ及ホス結果 二．鉱毒ニ起因スル直接ノ危害又ハ疾病ヲ認メス 三．河川ノ汚濁土地ノ変質ノ為メニ間接ニ健康ヲ損シ若ハ不利ヲ来スルコトハもちろんナリ 故ニ河川汚濁予防法ヲ設ケ衛生巡閲ヲシテ河川ヲ検定シ清潔ヲ保持スルノ制ヲ定ムル必要有リト認ム」
5月18日	第一次鉱毒調査委員会第五回報告。「具陳要旨　足尾銅山に対して道義上の観点から、被害者に補償金の支払いを勧告する。
5月27日	東京鉱山監督署長南挺三より足尾銅山の古河市兵衛に対し、鉱業条例第59条にかかる命令がある。
5月28日	第一次鉱毒調査委員会第六回報告。
6月27日	鉱毒被害地復旧請願の要旨、鉱毒被害地復旧請願在京委員から関係大臣、鉱毒調査会あて提出される。
7月	渡良瀬川沿岸堤防改築に関する陳情書、内務大臣に提出される。
10月13日	第一次鉱毒調査委員会最終報告。「被害農作地改善復旧等を勧告。被害農地の復旧費用見積額百五十万円／五年」
11月	ドイツ、膠州湾を占領し、翌年租借。山東省における鉄道敷設権を獲得。

西暦	和暦	月日	事項
		12月20日	日光銀行（資本金二十万円、四千株）、日光町中鉢石に創設される。
		12月	工学士西山正吾、「新発見の金銀蒼鉛鉱山」と題する論文を日本鉱業会誌に寄せて西沢金山を紹介する。
			ベルギー財団が京漢鉄道の敷設権を獲得。
			イギリスがビルマ鉄道の雲南延長権を獲得。
一八九八	明治31年	4月15日	西沢金山の鉱業権（採掘権登録第七号・金銀鉛四拾九万五千弐百四坪）登録される。（「鉱業原簿」） 西沢金山の採掘権は第七号から一一号までの五鉱区が存在した。西沢に四鉱区、湯沢に一鉱区。
一八九九	明治32年	1月24日	戦艦三笠、イギリスのバロー・イン・ファーネス造船所で起工。
		11月～12月	西沢金山における精錬能力不足を補うため同鉱山産出の金鉱石約二万貫を、休止していた三井家の篠井金山（栃木県河内郡篠井）の製錬所を借用して精錬に着手するが失敗に終わる。篠井金山の精錬施設に欠陥があったことが失敗の原因であったようだ。
		12月13日	工学士斎藤精一、西沢金山調査のため東京を発ち日光に泊まる。（「日本鉱業会誌」明治32年12月）
		12月14日	午後2時　工学士斎藤精一、西沢金山へ向けて中禅寺を発つ。彼は二人引きの腕車で登山した。
		12月14日	午後6時　工学士斎藤精一、積雪五寸の湯元を経由して西沢金山に到着する。
一九〇〇	明治33年	2月13日	川俣事件がおこる。

			足尾銅山の鉱毒被害に苦しむ栃木・群馬両県の流域数千人とも伝えられる農民達は、一斉に蜂起した。そして彼等は、上京して政府に鉱毒問題の解決を請願するために利根川左岸の群馬県明和町川俣に集結し、これを阻止しようとする警察と衝突する事件が起こった。
		2月15日	田中正造(59)、国会において川俣事件に関する質問を行う。
		2月17日	田中正造、国会において再び川俣事件に関する質問を行う。
			西沢金山、有望と見られていた鉱脈が尽きる。採掘して堆積していた鉱石の効果的な精錬方法が見つからないまま資金は底をつく。
一九〇一	明治34年		4月頃、高橋源三郎(41)、借金の額は一〇万円に達する。三〇〇人の坑夫に支払う賃金が三カ月分も滞る。
		10月23日	田中正造(60)、国会議員を辞職する。しかし、鉱毒被害を訴える活動はやめず、東京のキリスト教会などで鉱毒に関する演説を度々行う。
		12月10日	田中正造、明治天皇に足尾鉱毒事件について直訴を行う。
			足尾町に隣接する松木村が煙害のため廃村になる。このほか、松木村に隣接する久蔵村、仁田元村もこれに前後して廃村となる。
一九〇二	明治35年	1月初旬	利島村、川辺村(現埼玉県加須市北川辺)の鉱毒被害地の租税減免措置の陳情に浦和の埼玉県庁を訪れた両村の代表者達は、両村が遊水地化されるとの情報に接する。
		1月30日	日英攻守同盟条約調印する。
		2月20日	利島村と川辺村の女性達約二〇人が、遊水地化反対の陳情に訪れて国会議事堂貴族院前の道路に座り込む。

3月1日	戦艦三笠、イギリスのサウサンプトンで日本海軍に引き渡しをうける。建造費用は船体が88万ポンド、兵器が32万ポンド。
3月2日朝	利島村と河辺村の住民約二〇〇〇人が利島村柳生の養性寺に集結して遊水地化反対の陳情のため上京をこころみる。
3月5日	足尾被害民一三四名上京し農相・内相らに陳情する。
3月15日	鉱毒調査委員会を設置する旨、勅令第四五号で告示する。
3月18日	鉱毒委員会を召集する。各々の委員が鉱毒問題を解決するために、農林業、鉱工業、衛生等の各分野の担当を定めて、それぞれが課題に取り組むことにする。日下部・村田・中山の各委員は、渡良瀬川現在の状況と治水経営の方法等について検討にあたった。（出席委員＝奥田委員長、渡辺・日下部・田中・神保・若槻・村田・河喜多・野田・井上・坂野・古在。欠席委員＝本多・中山）
8月	渡辺渡博士が派遣した現職の京都帝国大学教授で工学博士の渡辺俊雄、同鉱山を踏査し、高橋源三郎に有力な助言を与える。
9月27日	高橋源三郎(42)、西沢金山で病床に伏す。
9月28日	足尾台風が関東地方などを襲う。この台風は足尾銅山の諸施設にも甚大な被害をもたらしたところから足尾台風とよばれることになった。 　足尾台風の豪雨に伴う大土石流、西沢金山を襲う。死者行方不明者一四名。精錬施設をはじめ全ての建物が流失あるいは大破する。 　暴風雨は午前十時頃いったんおさまったが、正午頃再び天候が悪化して大荒れに荒れる。

月日	事項
	この災害により鉱山内の各所で山腹崩壊が起こり山肌が露出したため、急遽探鉱隊を編成し三日間にわたって探鉱し、一七本の露頭を発見する。
9月28日	日光地方洪水、大谷川筋、神橋・釣橋・稲荷橋及び今市町の大谷橋流失。栃木県下の被災状況は、「罹災救助に属する受給者種類別表」によれば、死者一五六名、行方不明六三名、全壊八二一七戸、流失四一二戸。被害の過半は上都賀郡で発生している。（「壬寅歳暴風雨記念写真帖」） 「午前9時30分　男体山腹七合目付近、幅一町余りが崩壊して、中禅寺湖畔の観音小学校を押し流し、先生夫婦が犠牲になった。また、同土石流は湖に突入して一丈を超える津波を発生し、津波の一部は湖尻川を流れて華厳滝を落下して、折から増水中の大谷川の洪水を増大させた。（「壬寅歳暴風雨記念写真帖」） 「午前9時54分頃　流れてきた日光稲荷橋が、今市町の大谷橋に激突し、同橋を破壊して押し流した。濁流は同町河原町一丁目二丁目を襲い二十二戸を押し流した。翌日発掘した家具家財は、深いところで五尺浅いところで三尺六寸の泥砂に埋もれていた」（「壬寅歳暴風雨記念写真帖」）
9月28日	関東地方を台風が襲来し、川辺村栄西（現埼玉県加須市北川辺）の火打沼先の利根川堤防が三六〇メートルにわたって決壊したが復旧されず。
10月16日	利島、川辺両村の住民達は、川辺村栄西の利根川堤防の決壊現場において遊水地化反対などを唱えて合同村民大会を開く。この大会において次の決議をする。

年	月日	事項
		一　国、県にて堤防を築かずば、我ら村民の手に依ってこれを築かん。 二　従って、その際は国家に対して断然、納税、兵役の二大義務を負わず。
	10月17日	利島、川辺両村合同村民大会の決議文をもって、両村民の有志が埼玉県知事などに陳情する。
	10月17日	高橋源三郎、下野銀行頭取矢板と共に新たに発見した一七の露頭の鉱石を携え、工学博士渡辺渡に鑑定を依頼する。鑑定の結果、渡辺は「有望なる良鉱なるをもって銀行の債務に対しては深く心配するに及ばざるべし」と明言する。
	10月25日	（～11月5日）工学博士渡辺渡が派遣した同大学杉本五十鈴、鉱区内の鉱脈の精巧な実測図を調製する。
	11月25日	第八回鉱毒調査委員会において、日下部委員が、渡良瀬川の洪水が利根川の治水計画に影響を与えないことを前提とする渡良瀬川の洪水対策、渡良瀬川の捷水路と遊水地の創設を提案する。
	12月19日	第十回鉱毒調査委員会 渡良瀬川の捷水路を設ける地点（藤岡～赤麻沼）及び遊水地の計画規模を明らかにする。また被害民の北海道への移民奨励案もこの時提案された。
	12月27日	埼玉県知事、利島、川辺両村の遊水地化計画は、臨時県議会において断念を表明する。
一九〇三 明治36年	3月3日	鉱毒調査委員会、「足尾銅山ニ関スル調査報告書」を提出する。その「第三節　治水事業」において遊水地の創設を提言する。

西暦	和暦	月日	事項
		6月	有力な実業家、西沢金山が有望であると聞き、高橋源三郎（43）に対して現金二万四〇〇〇円提供して、同鉱山を共同経営することを申し込む。資金繰りに困っていた高橋は、債権者に相談の上その提言を受け入れ、九月二五日をもって正式な契約を取り交わすとの覚書を有力実業家の間に取り交わす。
		7月21日	足尾銅山に鉱毒除害を命じる。
		9月5日	有力実業家、西沢金山を視察する。
		9月25日	高橋・有力実業家間に取り交わされた覚書、履行されず。
		12月	高橋の債権者等、有力実業家を相手取り訴訟を提起する。
一九〇四	明治37年	1月20日	政府、英・米・独・仏に対し日露交渉への仲裁拒絶を声明する。
		2月6日	日露交渉決裂する。
		2月8日	対露断交を各国に通告、仁川沖で露艦隊を攻撃し旅順口を奇襲する。
		2月10日	日本、ロシアに宣戦布告する。
			春、大審院において、高橋源三郎（44）の債権者等と有力実業家との間に次のような和解が成立する。 　同鉱山を高橋の名義に書き換え、さらにこれを抵当に有力実業家から高橋に二万五〇〇〇円を貸し渡す。
		6月15日	高橋源三郎、西沢金山の鉱業権（採掘権登録第七号・第八号・第九号・第十号）を抵当に、東京市深川区清住町壱番地浅野総一郎から二万四〇〇〇円を借り入れる。

西暦	和暦	月日	事項
		6月22日	西沢金山の鉱業権（採掘権登録第七号）、高橋源三郎の名義で登録される。 「明治参拾七年六月弐拾弐日付書換許可ニ依リ東京市神田区鍛冶町壱拾七番地高橋源三郎ノ為メ採掘権ノ取得ヲ登録ス」（「鉱業原簿」）
		9月12日	高橋源三郎、西沢金山の鉱業権（採掘権登録第七号・第九号）を抵当に下野銀行から二万三〇〇〇円を借りる。 債権者小川源次郎・手束藤三郎が高橋源三郎から西沢金山の鉱業権を買い受ける。
一九〇五	明治38年	3月8日	鉱業法公布する。
		3月17日	栃木県知事から谷中人民惣代宛告諭（告諭第二号）。 谷中村民の現状を救済すること、そのために当該地域を瀦水地（遊水地）とすること、補償金を支払うことなどを内容とする。
		5月27日	日本海大海戦がある。
		6月2日	アメリカが日露に講和を勧告する。
		6月	工学博士渡辺渡、「希有ノ良鉱ヲ出セシ西沢金山」と題して論文を日本鉱業会誌に寄せる。
		8月1日	足尾鉱毒被害民大挙上京する。
		9月5日	日比谷の講和条約反対国民大会騒擾化し焼討ち事件起る。
		9月5日	日露講和条約議定書（ポーツマス条約）調印する。

西暦	和暦	月日	事項
		10月31日	「谷中堤内に在る土地その他の不動産に対して補償処分を行うに付所有者及び関係人はその準備を為すことを要す」（「栃木県告示第４３６号」）
			西沢金山を調査した渡辺博士は「多額の資金を投じて探鉱するに値する有望な鉱山である。しかし、資金不足では鉱山開発が困難であるから、株式組織にして資金を調達し、大規模な探鉱をしてはどうか」と提言する。
			日光電気精銅所ができる。大谷川の水を取り入れて別倉に建設した発電所の電気を利用する。
一九〇六	明治39年	2月25日	西沢金山の採掘権（登録第七号）を小川源次郎外一名が取得する。 「明治参拾九年弐月弐拾五日付採掘権売買契約書ニ依リ栃木県宇都宮市尾上町壱拾八番地代表者小川源次郎外壱名ノ為メ採掘権ノ取得ヲ登録ス」（「鉱業原簿」）
		5月11日	栃木県告示第１７６号　町村制第４条により下都賀郡谷中村を廃しその区域を同郡藤岡村に合併し本年７月１日より施行す　栃木県知事名
		6月12日	栃木県・茨城県告示　町村制第４条により栃木県下野国下都賀郡野木村大字野渡の境界を変更しこれを茨城県下総国猿島郡古河町に編入する　栃木・下総両県知事連名
		6月	西沢金山を株式組織とするために、次の事項を申し合わせる。 野澤泰次郎・矢板武・植竹三右衛門・手塚五郎平・参木彦次・横尾勝右衛門・横尾宣弘・瀧澤喜平治・小川源次郎・上野松次郎・久保三

7月29日

八郎・鈴木要三・小久保六郎・手束藤三郎・加藤昇一郎・村上秀四郎の一六名が二五万円出資し会社を組織し、鉱業権付随の負債の内一八万円は会社がこれを引き受け、別に鉱業権者（小川源次郎・手束藤三郎）からは株式一二万五〇〇〇円で鉱業権を買収する。会社の名称は「西沢金山探鉱株式会社」とする。
当時、有望な金鉱山とは言え事業の成否に確信を持てないまま投資に踏み切った一六名の出資者は、「決死隊」呼ばれたとのことである。

7月29日

「西沢金山探鉱株式会社」設立総会。
本店所在地　東京市日本橋区浜町三丁目一番地
資本金　二五万円
一株の金額　金五〇円
第一回払い込み　乙種　五〇円
甲種　二〇円
取締役　野澤泰次郎（社長）・植竹三右衛門・手塚五郎平・参木彦次・横尾宣弘
監査役　矢板武・小川源次郎・村上秀四郎
ただし、乙種株式は鉱業権の代償として鉱業権利者に交付したるものとす
会社設立と共に、高橋源三郎（46）は同鉱山の監督として経営に参加することになる。
西沢金山の採掘権（登録第七号）、西沢金山探鉱株式会社に帰属する。
「明治参拾九年七月弐拾九日付売買契約書ニ依リ東京市日本橋区湊町三丁目壱番地西沢金山株式会社ノ為メ採掘権ノ取得ヲ登録ス」（「鉱業原簿」）

		9月1日	西沢金山、探鉱を開始する。 古河電気工業（株）が日光町清滝に建設した、同社電気精銅所が操業を始める。
一九〇七	明治40年	1月	西沢金山探鉱株式会社、横尾氏が専務取締役に就任する。
		2月1日	渡良瀬遊水地の土地収用公告 土地収用公告　明治40年1月26日内閣において認定公告相成りたる栃木県の起業に係る潴水地敷地として収用すべき土地の細目左の如し 栃木県知事名 収用土地細目　（省略）
		4月5日	渡良瀬遊水地の予定地、収用の準備の為測量が許可される。 栃木県知事公告 土地収用法第9条により栃木県に対し治水事業準備の為明治41年3月31日迄左の土地に立ち入り測量を為すことを許可せり 明治40年４月５日 栃木県知事　中山巳代蔵 一　渡良瀬川沿岸の各町村　　一　旗川　同上 一　秋山川　同上　　一　思川　同上 一　小倉川　同上　　一　黒川　同上 一　大芦川　同上　　一　鬼怒川　同上 一　那珂川　同上　　一　箒川　同上 一　荒川　同上　　一　赤麻沼　同上 一　永野川　同上　　一　巴波川　同上

西暦	和暦	月日	事項
		9月	西沢金山探鉱株式会社、橘高修吉に調査を依頼し、橘高の意見を容れて経営方針を改めることとする。
		11月	西沢金山探鉱株式会社、中村勝周鉱業所所長・黒岩賢齢技師長が辞任し橘高修吉が鉱業所所長に就任する。橘高修吉の推薦により武市又太郎が鉱場掛長になり、鋭意刷新を図り積弊を打破する。橘高は武市鉱場掛長を後任に推薦し勇退する。
			西沢金山探鉱株式会社、上半期頃までは探鉱に専念したが、探鉱に伴う経費を捻出するために金鉱石の採掘を行うこととして、渡辺博士の指導により含有量の高い鉱脈を掘り当てる。 しかし、同鉱山には精錬設備がなかったため、米国のタコマまで鉱石を運搬して精錬することを検討したが、三菱の生野鉱山（兵庫県）に対して鉱石を売却する契約を結んで急場を凌ぐ。
			我が国のスト争議百数十件に達し明治年間の最高となる。
一九〇八	明治41年	1月	西沢金山探鉱株式会社、横尾氏が専務取締役を辞任する。
		1月	西沢金山探鉱株式会社、取締役二名増員、上野松次郎・加藤昇一郎が当選する。
		2月12日	西沢金山探鉱株式会社、本社を宇都宮市大工町三一番地に移転する。
		6月29日	西沢金山の第七鉱区の変更登録をする。 採掘対象を金・銀・銅・鉛・蒼鉛・錫・重石とする。

7月21日	渡良瀬遊水地に河川法が適用になる。 　栃木県告示第２８８号 　左の河川及び水面は明治29年法律第71号河川法第５条及び明治32年勅令第４０４号により河川方の規定を準用すべきものと認定し明治41年７月25日より施行す 　　明治41年７月21日　　　　栃木県知事　中山巳代蔵 　一、思川 　　下都賀郡藤岡町大字恵下野地先巴波川合流以下 　二、巴波川 　　下都賀郡藤岡町大字恵下野地先須戸川合流以下 　三、須戸川 　　水源赤麻沼より巴波川合流迄 　四、赤麻沼 　五、潴水地 　　下都賀郡藤岡町及び野木村の一部（元谷中堤内一円）
8月	西沢金山探鉱株式会社、五万円増資する。
8月	工学博士渡辺渡、同月発行の日本鉱業会誌に「日光西沢金山ノ重石鉱」と題して論文を寄せる。
9月	西沢金山探鉱株式会社、五万円増資する。
9月	西沢金山、旭坑で大富鉱帯を掘り当てる。金の含有量は一〇〇〇分の一、銀は一〇〇分の一で重石（タングステン）を含む。
10月31日	渡良瀬遊水地内の土地、収用公告される。

			「　公告 土地収用公告 明治40年1月26日内閣に於て認定公告相成りたる栃木県の起業に係る潴水地敷地として収用すべき土地の細目左の如し 明治41年10月31日 栃木県知事　中山巳代蔵 収用土地細目 栃木県下都賀郡藤岡町大字下宮字七軒千参百七拾五番の参畑 以上　」
		10月	西沢金山探鉱株式会社、参木・上野両取締役が辞任する。
			高橋源三郎、西沢金山探鉱株式会社の取締役に就任する。
			西沢金山探鉱株式会社、この年の四割を配当する。
一九〇九	明治42年	1月	西沢金山探鉱株式会社、取締役の補欠選挙を行い矢板・高橋両氏が就任する。
		1月	西沢金山探鉱株式会社、矢板氏監査役を辞任する。
		3月24日	西沢金山探鉱株式会社、下野電力興業に依頼して建設する菖蒲ヶ浜第一発電所を建設するに先立ち水利権（地獄沢）申請をする。（「東京電力三〇年史」）
		3月	西沢金山探鉱株式会社、本社を鉱山所在地である栃木県塩谷郡栗山村川俣に置き、宇都宮に出張所を置く。
		3月	西沢金山探鉱株式会社、五万円増資する。
		5月	西沢金山探鉱株式会社、機械選鉱所及び青化製煉場の建設に着手する。

西暦	和暦	月日	事項
		5月	西沢金山探鉱株式会社、五万円増資する。
		5月	西沢金山、私立西沢金山小学校を建設する。児童数は五〇人に満たない。
		5月	菖蒲ヶ浜第一発電所の水利権申請、認可される。
		11月	西沢金山探鉱株式会社、巽新助を鉱場主任に採用して各坑の連絡、坑井の整理を行い成果を見る。 　製錬所を建設するために社債二〇万円を募集、製錬所ができる。増資を重ね、探鉱採掘に従事する鉱夫は一三〇〇人。高品位の鉱石は日立鉱山に売却し、低品位のものは自社の製錬所で精錬し、年間三〇万円の金を産出して二割を配当する。
一九一〇	明治四三年	1月19日	普通選挙同盟会第一回集会開く。
		4月	利根川の支川渡良瀬川の改修工事が開始される。 　改修区間 　渡良瀬川本川は栃木県足利郡毛野村・右岸同郡梁田村から利根川合流点まで 　支川 　　旗川は右岸同郡富田村・左岸同郡吾妻村 　　秋山川は左右両岸とも同県安蘇郡植野村 　　思川は左右両岸とも同県下都賀郡穂積村 　　巴波村は左岸下都賀郡寒川村・右岸同郡部屋村からそれぞれ渡良瀬川合流点まで
		5月	西沢金山探鉱株式会社、機械選鉱所及び青化製煉場完成し操業を開始する。

	8月	利根川に大洪水。秋雨前線などの影響で霖雨。利根川水系に大水害をもたらす。
	9月	日光電気軌道（路面電車）、日光停車場前、岩の鼻間で開業。
		西沢金山探鉱株式会社、分析所・手選鉱場・学校・病院等を新設する。
一九一一 明治44年	4月	足尾線（下新田〜大間々間）開通（「群馬県史」）
	5月24日	西沢金山の採掘権（登録第七号）、鉱業財団に属すべきものとして保存登記の申請があった旨、鉱業原簿に記載される。 「明治四拾四年五月弐拾参日付大田原区裁判所船生出張所ノ通知書ニ依リ本鉱業権ハ同所明治四拾四年五月弐拾参日受付第五百五拾八号ノ申請書ニ因ル鉱業財団ニ属スヘキモノトシテ其財団ニ付所有権保存登記ノ申請アリシコトヲ登記ス」
	6月13日	渡良瀬遊水地内の土地、収用公告。 「公告 明治43年12月21日内閣ニ於テ認定公告相成リタル内務省起業ニ係ル河川改修事業ノ為収用スベキ土地ノ細目左ノ如シ 明治44年6月13日 栃木県知事　中山巳代蔵 土地細目 栃木県下都賀郡藤岡町大字内野字高沙悪戸1畑（外省略）」
	6月29日	西沢金山の採掘権（登録第七号）、鉱業財団に帰属したことが鉱業原簿に記載される。

「明治四拾四年六月弐拾七日大田原区裁判所船生出張所ノ通知ニ依リ本鉱業権ハ鉱業財団ニ属スルコトヲ記載ス　明治四拾四年六月弐拾九日」

7月　西沢金山探鉱株式会社、宇都宮の出張所を廃止する。

10月　巽新助、西沢金山に鉱場主任を辞任して山を下りる。

12月27日　渡良瀬遊水地河川付近地認定

栃木県告示第５４７号

河川法施行規程第３条に依り秋山川、巴波川及び思川筋の内河川法を施行したる区域内に属する河川附近の土地並びに河川法を準用したる赤麻沼附近の土地の区域を左の通定む

明治44年12月27日　　栃木県知事　岡田文次

秋山川筋

堤内地は堤内堤敷線より堤内15間通

堤外地は堤外地全部

無堤部は堤外地全部

無堤部は河川敷線（平水面）より陸地の方百二十間通

巴波川筋、思川筋及び赤間沼

堤内地は堤内堤敷線より堤内15間通

堤外地は堤外地全部

無堤部は堤外地全部

但巴波川下流部及び思川筋間堤防附近、野木村大字友沼、大字野木、大字野渡付近の土地並びに赤麻沼付近の土地は別紙図面の区域とす（図面省略）

西暦	和暦	月日	事項
一九一二	大正元年	12月	西沢金山探鉱株式会社、手塚取締役死亡する。
一九一三	大正2年	5月	私立西沢金山小学校に高等小学校が併設される。
		8月2日	田中正造、足利郡吾妻村下羽田（現・佐野市下羽田）において、彼の支援者・庭田清四郎宅で倒れる。
		9月4日	田中正造(72)、没する。
		9月6日	田中正造の密葬が、渡瀬村（現・館林市）雲龍寺において行われる。
		10月12日	田中正造の本葬が、佐野町（現・佐野市）惣宗寺で行われる。参列者は数万人とも言われる。
		12月	西沢金山探鉱株式会社、五万円増資する。資本金の総額五〇万円となる。
			西沢金山探鉱株式会社、事務所・役員住宅・鉱夫長住宅を新築し、新設選鉱場の増設等を行う。
一九一四	大正3年	5月	同月発行の「実業之日本」に「世界ヲ撼セル大金山開発ノ奮闘者」と題して西沢金山が紹介される。
		8月	足尾線全線開通。
		10月	西沢金山探鉱株式会社、野澤取締役社長辞任し、横尾取締役が社長に就任する。
一九一五	大正4年	4月	私立西沢金山小学校等の教員および生徒数 校長　長瀧兼吉 教員　三名

			生徒　男　六五名 　　　女　五〇名
一九一六	大正5年	5月	西沢金山探鉱株式会社、西沢金山株式会社と商号を変更、住所を東京市京橋区新富町弐丁目参番地に移転する。（「鉱業原簿」）
		7月1日	同日現在、鬼怒川の上流域において西沢金山・木戸ヶ沢鉱山など三八の採掘権を有する鉱山が存在する。
		12月	菖蒲ヶ浜第二発電所、発電を開始する。 　同発電所は、現在の菖蒲ヶ浜発電所の前身。当時の発電所は現在の菖蒲ヶ浜発電所の西北二〇〇メートルところにあった。（「東京電力三〇年史」）
		12月	菖蒲ヶ浜第一発電所、廃止される。
一九一七	大正6年	7月5日	「西沢等の鉱山と鬼怒川の将来」刊行される。 　下都賀郡桑村出身の栃木県参事会員小林利喜造、同郡絹村村長関根定吉、野島幾太郎が「西沢等の鉱山と鬼怒川の将来」と題する論文を発刊し、鉱害防止のため流域における金鉱石などの採掘事業の中止を求める。 　当時鬼怒川には逆木用水・吉田用水・江連用水など四二の用水の採り入れ口があり、それらの潅漑面積は一万三八〇〇町歩であった。鬼怒川下流域の人々は、足尾銅山の鉱害による渡良瀬川流域の荒廃状況を目の当たりにして、西沢金山等の鉱害により流域が荒廃することを憂慮していた。

西暦	和暦	月日	事項
一九一八	大正7年	11月	西沢金山の菖蒲ヶ浜発電所が、発電事業を開始する。
		12月	西沢金山株式会社、東京市京橋区岡崎町壱丁目一番地に住所を変更する。
一九二〇	大正9年	6月	西沢金山株式会社、住所を東京市神田区錦町三丁目二番地に変更する。
一九二一	大正10年	8月	西沢金山株式会社、住所を宇都宮市杉原町三二六五番地に変更する。 西沢金山、鉱脈の枯渇から経営不振となり休鉱となる。 西沢金山の動力源として建設された菖蒲ヶ浜第二発電所の電力が地域配電を始める。
一九二二	大正11年	4月	西沢金山株式会社、商号を下野電力興業株式会社と変更する。（「鉱業原簿」）
一九二三	大正12年	8月15日	利根川・渡良瀬川直轄管理となる（内務省告示第２６３号） 河川法第六条但し書により大正12年15日以降本大臣に於て左記の区域に属する利根川及び渡良瀬川並びに其附属物維持修繕を行ふ 利根川 左岸　群馬県佐波郡名和村　茨城県鹿島郡矢田部村 右岸　群馬県佐波郡芝根村地内両岸標柱以下千葉県香取郡豊里村地内両岸標柱に至る但し茨城県北相馬郡大井沢村地内両岸見通線以下の鬼怒川流末部分を含む 渡良瀬川 左岸　栃木県下都賀郡三鴨村 右岸　群馬県邑楽郡西谷田村地内両岸標柱見通線以下利根川合流点に至る

西暦	和暦	月日	事項
一九二八	昭和3年	10月16日	高橋源三郎（68）、没する。
一九二九	昭和4年		東武日光線開通。
一九三〇	昭和5年	11月	菖蒲ヶ浜第二発電所、菖蒲ヶ浜電力の経営となる。
一九三二	昭和7年	6月28日	「西沢金山の鉱業権（採掘権登録第七号）、贈与により東京市麹町区丸の内弐丁目壱拾四番地日光鉱業株式会社が取得する」（「鉱業原簿」）
		7月15日	「西沢金山の鉱業権（採掘権登録第七号）、贈与により東京市麹町区丸の内弐丁目壱拾弐番地日本鉱業株式会社が取得する」（「鉱業原簿」）
		7月	下野電力興業株式会社、住所を宇都宮市池上町三〇四八番地に変更する。
		7月	鉱業財団消滅する。
一九四七	昭和22年	9月14〜15日	カスリン台風が関東地方や東北地方に大雨を降らせて甚大な災害をもたらす。この台風による死者は一〇七七名、行方不明者八五三名、負傷者は一五四七名。住宅損壊九一九八棟、浸水三八万四七四三棟など。罹災者は四〇万人を超え、戦後間もない関東地方を中心に甚大な被害をもたらした。
一九五七	昭和32年		鬼怒川本川の川俣地区に川俣ダム建設計画できる。
一九五八	昭和33年		門森沢砂防ダムに着手。門森沢の上流には、金の採掘で荒廃した西沢金山跡などがある。
一九六一	昭和36年		門森沢砂防ダム完成する。
一九六六	昭和41年		川俣ダム完成する。

一九七二	昭和47年	6月28日	西沢金山の鉱業権、放棄されて消滅する。
一九七三	昭和48年		足尾銅山が閉山となる。

参考文献

「家忠日記」松平家忠
「家康の政治経済臣僚・中村孝也」
迅速測図１／２００００　栗橋駅
〃　１／２００００　守谷町
〃　１／２００００　野田町
〃　１／２００００　古河町
〃　１／２００００　藤岡町
「鉱業原簿（閉鎖簿）」東京通産局
「創業１００年史」古河鉱業（株）
「大正15年度・昭和元年度直轄工事年報」内務省土木局　昭和３年３月
地形図（栗橋）１／２５０００　昭和28年測量 同52年改測
地形図（守谷）１／２５０００　昭和27年測量 同54年改測
「東京電力30年史」東京電力株式会社
「徳川実紀」吉川弘文館
栃木県公報
「栃木県会と鬼怒川の各鉱山」野島幾太郎　大正７年

「利根川における治水の変遷と水害に関する実証的調査研究」大熊孝
「利根川治水史」栗原良輔
「利根川治水考」根岸門蔵
「利根川治水論考」吉田東吾
「利根川百年史　改修編」関東地方建設局
「西沢金山大観 全」大正5年2月
「西沢等の各鉱山と鬼怒川の将来」小林利喜造他著　大正6年
「西沢鉱山調査書 日本工業会誌抜粋」明治38年
「日光市史」日光市
「日光史」星野理一郎
「日光の今昔」城田興法
「農業水利論」新沢嘉芽統
「壬寅歳暴風雨紀年寫眞帖」木村作次郎
渡良瀬川上流の治山治水関係史料　渡良瀬川工事事務所
「関東開発の歴史年表」佐藤壽修（編纂中）

著者紹介

佐藤壽修（さとう　としのぶ）

1941年、栃木県上都賀郡今市町大字瀬川（現日光市瀬川）に生まれる
栃木県立今市高等学校卒業後、関東地方建設局、川治ダム・利根川上流・荒川上流・下館・甲府・日光砂防の各河川関係事務所等に勤務、主に河川管理を担当
退職後「関東開発の歴史年表」を編纂中

著書：『勝道上人が生きた時代』
論文：「西沢金山にみる日本の動き・世界の動き」『歴史と文化4号』（栃木県歴史文化研究会）、「西沢金山のこと」『日光近代学事始』栃木県歴史文化研究会近代日光史セミナー（随想舎）

西沢金山の盛衰と足尾銅山・渡良瀬遊水地

2017年9月7日　第1刷発行

著　者●佐藤壽修

発　行●有限会社 随想舎
〒320-0033　栃木県宇都宮市本町10-3 TSビル
TEL 028-616-6605　FAX 028-616-6607
振替 00360－0－36984
URL http://www.zuisousha.co.jp/

印　刷●モリモト印刷株式会社

装丁●齋藤瑞紀
定価はカバーに表示してあります／乱丁・落丁はお取りかえいたします
 ISBN978-4-88748-344-6